Practical Maintenance Management of River Structures

# 河川構造物
# 維持管理の実際

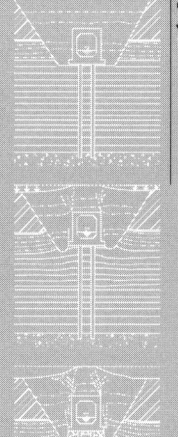

末次忠司 編著
Tadashi SUETSUGI

鹿島出版会

# はじめに

　河川や道路をはじめとする公共事業も昨今の社会・経済情勢の変動の動きを受けて，質・量ともに変貌してきている．高度経済成長期において社会資本整備を強力に推し進める「建設の時代」から経済安定成長期において自然の豊かさを享受する「環境の時代」へと変わってきた．その間，社会資本は着実に整備され，まだ欧米に比べると整備率が低いものもあるが，国民生活や産業発展にとって最低限必要な施設整備は完了したといってもよいのではないだろうか．

　河川構造物について見ても，堤防は徐々にではあるが整備され，堰や床止めなどの数も増え，治水・利水対策は着実に進んできている．施設整備の進捗（施設数の増加）につれて，今度は施設管理のあり方が問われ，また維持管理に要する費用や労力が問題視されるようになってきた．ここに今後「維持管理の時代」が到来しそうな予兆が見られる．

　これまで施設整備にあたって，施設の調査・計画・設計・施工に対しては十分な人員の下，十分な検討がなされてきた．しかし，施設の計画・設計段階において，維持管理（メンテナンスの度合い）について配慮したり，将来の施設の維持管理について十分な検討は行われてこなかった．したがって，今後は施設の維持管理が施設の建設や環境対応以上に重大な管理事項になってくると考えられる．

　本書はこうした動きを先取りして，河川構造物の維持管理を行うにあたって，維持管理の考え方，各施設（床止め，堰，樋門，水門，揚排水機場，道路橋）の損傷・劣化の実態と調査・診断手法，点検・維持管理技術，補修・補強手法について，事例を参照しながら説明を加えている．実態や事例を中心に論旨を展開しているため，現場技術者が活用することを念頭においているが，計画・設計に携わっている技術者，維持管理に興味のある研究者や大学生が読んでも，十分参考になると思われるので，是非一読していただき，御意見や御批判を頂ければ，編者としても幸甚である．

　なお，本書は平成17年7月に山海堂より出版され，多くの方々に愛読されてきたが，平成19年12月に山海堂が破産したため，鹿島出版会から再出版したものである．再出版にあたっては，以前の原稿をベースとしているが，必要に応じて時点修正を加えていることを追記する次第である．

　平成21年5月

末　次　忠　司

## 編集委員会構成

（五十音順）

| | | |
|---|---|---|
| 委員長 | 末次　忠司 | 国土交通省国土技術政策総合研究所河川研究部河川研究室 |
| | 川口　広司 | 国土交通省国土技術政策総合研究所河川研究部河川研究室 |
| | 小林　嘉章 | （独）土木研究所材料地盤研究グループ（土質） |
| | 白井　勝二 | 国土交通省関東地方整備局企画部 |
| | 田上　澄雄 | 国土交通省北陸地方整備局千曲川河川事務所 |
| | 中山　修 | （財）国土技術研究センター調査第一部 |
| | 成田　一郎 | 国土交通省河川局治水課 |
| | 林　輝 | （独）土木研究所技術推進本部（先端技術） |
| | 福井　次郎 | （独）土木研究所構造物研究グループ |
| | 古本　一司 | （独）土木研究所材料地盤研究グループ（土質） |
| | 山本　幸広 | （独）土木研究所技術推進本部（先端技術） |
| | 吉田　正 | （独）土木研究所技術推進本部（先端技術） |

役職名は執筆当時の役職である

# 目　　次

本書の背景 ……………………………………………………………………………………… 1

## 1章　維持管理の考え方

1.1　基本的な考え方 …………………………………………………………………………… 5
1.2　維持管理のポイント ……………………………………………………………………… 7
1.3　システムとしての維持管理 ……………………………………………………………… 9
1.4　LCCから見た施設設計 …………………………………………………………………… 10
1.5　損傷・劣化の1次調査・点検 …………………………………………………………… 11
1.6　損傷・劣化の詳細調査および診断 ……………………………………………………… 16
1.7　補修・補強手法 …………………………………………………………………………… 18
1.8　河道・洪水特性と損傷・劣化 …………………………………………………………… 19

## 2章　床止め・堰（本体）

2.1　施設の概要 ………………………………………………………………………………… 23
　2.1.1　床止め　23
　2.1.2　堰　25
2.2　損傷・劣化の実態 ………………………………………………………………………… 26
2.3　点検・維持管理 …………………………………………………………………………… 32
　2.3.1　巡視および点検　34
　2.3.2　打診音空洞化点検　35
2.4　損傷・劣化の調査・診断 ………………………………………………………………… 38
　2.4.1　水叩き下部・取付け護岸裏の空洞化探査　38
　2.4.2　護床工沈下量測量による護床工流失および水叩き下部パイピング発生の診断　40
2.5　補修・補強手法の選定と事例 …………………………………………………………… 44
　2.5.1　護床工の沈下・流失対策　44
　2.5.2　水叩き空洞化対策　45
　2.5.3　取付け護岸の補修・補強　48

# 目　次

## 3章　堰・樋門・水門（機械設備）

- 3.1 施設の概要 ……………………………………………………………………… 51
  - 3.1.1 ゲート設備の構成　51
  - 3.1.2 堰のゲート設備　52
  - 3.1.3 樋門のゲート設備　53
  - 3.1.4 水門のゲート設備　55
- 3.2 損傷・劣化の実態 ……………………………………………………………… 56
  - 3.2.1 扉体，戸当りの損傷・劣化　57
  - 3.2.2 開閉装置関係の損傷・劣化　60
  - 3.2.3 ステンレス製ゲートの腐食　60
- 3.3 点検・維持管理 ………………………………………………………………… 63
  - 3.3.1 点検・整備の概説　63
  - 3.3.2 点検の種類と内容　64
  - 3.3.3 整備の種類と内容　70
  - 3.3.4 点検・整備記録の保管と活用　72
- 3.4 損傷・劣化の調査・診断 ……………………………………………………… 72
  - 3.4.1 設備全般の損傷・劣化の調査方法　72
  - 3.4.2 腐食状況の調査方法　72
  - 3.4.3 ワイヤロープの安全性の確認方法　73
  - 3.4.4 作動油の油成分のモニタリングによる診断　74
  - 3.4.5 故障の診断　74
- 3.5 補修・補強手法の選定と事例 ………………………………………………… 75
  - 3.5.1 設備全般の補修・補強手法　75
  - 3.5.2 防食対策　75
  - 3.5.3 ステンレス製ゲートの腐食対策　78

## 4章　樋門・水門（本体）

- 4.1 施設の概要 ……………………………………………………………………… 81
  - 4.1.1 樋門・水門の目的等　81
  - 4.1.2 本体工構造　81
- 4.2 損傷・劣化の実態 ……………………………………………………………… 83
  - 4.2.1 損傷・劣化の概要　83
  - 4.2.2 樋門・水門周辺の空洞化と被害の事例　85

4.3　点検・維持管理 …………………………………………………………………………… 89
　　4.3.1　点検（日常）・維持管理の基本的な考え方　89
　　4.3.2　点検と点検結果の整理　90
　　4.3.3　既存資料の整理（構造物等諸元調査）　91
　　4.3.4　外観調査　94
　4.4　損傷・劣化の調査・診断 …………………………………………………………………… 97
　　4.4.1　損傷・劣化の診断の基本的な考え方　97
　　4.4.2　変状調査（詳細点検）　99
　4.5　補修・補強手法の選定と事例 ……………………………………………………………… 106
　　4.5.1　補修・補強の考え方　106
　　4.5.2　補修・補強手法の選定　108
　　4.5.3　モニタリング　111

# 5章　揚排水機場（機械設備）

　5.1　施設の概要 …………………………………………………………………………………… 113
　　5.1.1　機場の分類　113
　　5.1.2　揚排水機場の構成　114
　　5.1.3　ポンプ設備の構成機器　116
　5.2　損傷・劣化の実態 …………………………………………………………………………… 123
　　5.2.1　主ポンプ設備の損傷・劣化の実態　123
　　5.2.2　ディーゼル機関の損傷・劣化の実態　125
　　5.2.3　補機類の損傷・劣化の実態　127
　5.3　点検・維持管理 ……………………………………………………………………………… 130
　　5.3.1　揚排水機場における維持管理の基本的な考え方　130
　　5.3.2　維持管理の流れと分類　130
　　5.3.3　点　　検　132
　　5.3.4　整　　備　134
　　5.3.5　点検・整備記録の活用　135
　　5.3.6　点検・維持管理におけるその他留意点　136
　5.4　損傷・劣化の調査・診断 …………………………………………………………………… 141
　　5.4.1　総合診断　141
　　5.4.2　事例紹介　141
　5.5　補修手法の選定と事例 ……………………………………………………………………… 144
　　5.5.1　補修方法の選定　144

5.5.2 事 例 紹 介　144
5.5.3 運転時の応急復旧・故障対応　146

## 6章　道　路　橋

6.1 施設の概要 …………………………………………………………………………… 151
6.2 損傷の実態 …………………………………………………………………………… 152
　6.2.1 平成2年7月九州中・北部梅雨前線豪雨　153
　6.2.2 平成10年8月末栃木・福島豪雨　154
　6.2.3 河床洗掘による損傷の特徴　155
6.3 点検・維持管理 ……………………………………………………………………… 162
6.4 損傷・劣化の調査・診断 …………………………………………………………… 167
6.5 補修・補強手法の選定と事例 ……………………………………………………… 173

索　引 …………………………………………………………………………………… 180

▲堰や床止めなどの横断工作物付近では，洪水が工作物を越流する際に高速流が発生し，本体工や護床工が被災する
→本文「2章 床止め・堰（本体）」

▲高速流により，護床工下の土砂が吸い出されて，下部のブロックが沈下したほか，下流のブロックが流失した

▲海水にさらされるゲート設備では，貝類の付着などにより局部的に塗膜が損傷を受け，扉体が腐食する場合がある　　　　　　　　　　　　　→本文「3章　堰・樋門・水門（機械設備）」

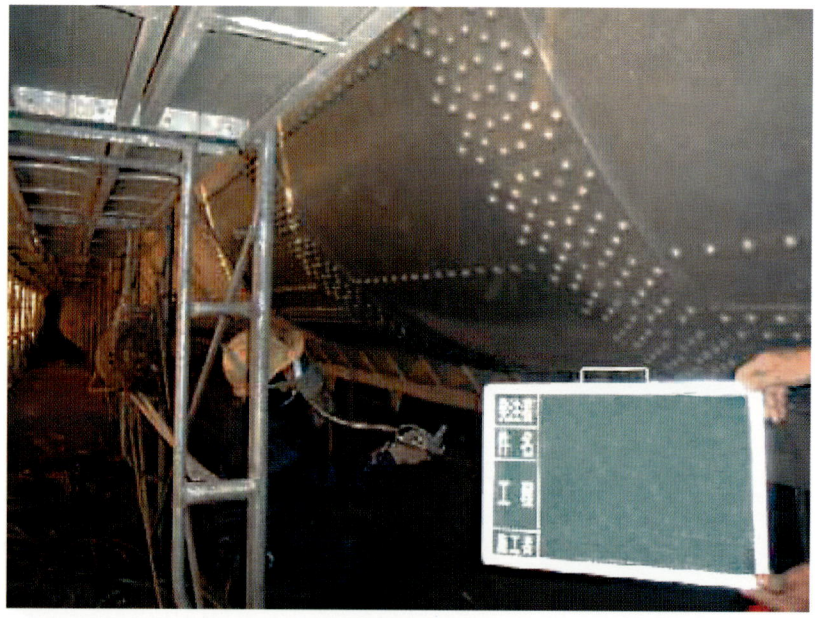

▲塗替え塗装時には，腐食部位のケレンや塩分除去などの下地処理を十分に行ってから塗装工程に入る

▲軟弱地盤上においては，樋門と周辺の構造物との間に沈下量の差が生じ，樋門付近が抜け上がり，クラックなどが生じることがある　　　　　　　　　　　　　　　　　　　　　→本文「4章　樋門・水門（本体）」

▲樋門と周辺構造物の沈下量の違いにより生じた空洞等が原因となって，樋門付近で漏水が発生した

▲橋脚に衝突して下方に向かった洪水流により橋脚上流側の河床が洗掘され，橋脚が傾斜した

▲ラジコンボートに搭載した超音波探深機により橋脚周辺の河床高（洗掘深）を測定することができる
→本文「6章　道路橋」

▲湾曲部の外岸側に位置する橋台の背面地盤が下流の河岸とともに洗掘され，橋台が傾斜した

# 本書の背景

　今から約30年前，建設省に入省してまもない頃，アメリカで出版された「荒廃するアメリカ[1]」が日本で巷間話題となった．当時，大都市ニューヨークでは道路に150万か所の穴ボコができていた．全米でみても，水道システム（人口5万人以上の都市）の維持・管理に750～1 000億ドルの投資が必要であると試算されたし，約2割の橋梁は修復か架替が必要な状況であった．こうした公共施設の劣化は社会福祉事業への予算の傾斜配分，（生産年齢人口の減少につながる）出生率の低下に伴う投資余力の減少などが原因であった．

　アメリカではその後，メディアや一般の人々の社会資本への関心が高まり，政府も維持管理の重要性を認識しはじめた．例えば，1982年には陸上交通援助法が制定され，ガソリン税・軽油税などの増税によりインターステート・ハイウェイの修繕・再建設予算が増額された．この施策により道路の再生・維持補修の強化が図られることとなった．

　維持管理に関する研究についても，既設の土木構造物の補修や延命を効率的に実施するための技術開発を目指したREMR研究プログラム[注1]が米国陸軍工兵隊（U. S. Army Corps of Engineers）の水路試験所（Waterways Experiment Station）などによって1984年から開始された．「荒廃するアメリカ」の出版後に展開された施策に基づくもので，今から実に20年以上前に開始されたのである．

　なお，このプログラムは①既設構造物の現状を迅速かつ正確に評価する技術，②効率的な維持・補修，③構造物の復旧に要する時間と費用の節約という3カテゴリーで構成されており，着実に成果をあげているといわれている[2]．

　翻って日本について考えてみると，どうであろうか．河川事業に関しては，治水・利水・環境対策のために新たに建設しなければならない施設もまだ相当数存在する一方，河川管理施設等[注2]は堰，床止め，樋門，水門，揚排水機場だけでもかなりの数の施設があり，その運用および維持管理に要する費用および労力も膨大なものとなっている．また，1980年代頃よりコンクリートクライシスといわれた塩害やアルカリ骨材反応によるコンクリート構造物の早期劣化が問題となったし，JR山陽新幹線の福岡トンネルでコンクリートのはく落事故（1999.6および1999.10）が発生し，施設点検の重要性が指摘された．日本はアメリカに比べて社会資本整備が遅れたこともあって，施設の建設に重点が置かれ，維持管理のことを十分念頭に置いてこなかったというのが現状である．河川改修計画は策定されても，十分な維持管理計画は策定されておらず，対症療法的な対応も見受

---

注1) 英語名はREMR（Repair, Evaluation, Maintenance and Rehabilitation）である．
注2) 河川管理施設だけでなく，農業用取水堰や橋梁等の許可工作物（河川法26条）を含むため，以下では河川管理施設等と表現した．

けられる．今後管理者の意識改革，計画的な維持管理の推進が急務となっている．

河川管理施設等の構造物は経年的に健全度が低下し，修繕を行うたびに健全度はある程度回復するが，一般的には健全度は減衰する傾向となる（**右図**）．したがって，耐用年数が長い施設ほど施設の維持管理に多額のコストを要し，施設によっては寿命期間内の維持管理費は建設費よりはるかに高額になるという試算結果もある．こうした施設のライフ・サイクル（計画・設計・建設を経て，維持管理，更新または解体するまでの一連のプロセス）の概念についてはまだ十分な共通認識は得られていないが，例えば道路橋示方書[3]ではライフ・サイクルを考慮して設計する趣旨が示されているし，港湾構造物の維持・補修マニュアル[4]ではライフ・サイクル・コスト（LCC）[注3]を検討した維持管理を推奨するなど，今後ライフ・サイクル全体を通して施設が順調に機能し，供用期間中における総コストが最小限になるよう，設計・施工・維持管理を行う必要性が高まってきているといえる．特に施設の計画・設計段階において，中長期的に見た維持管理費，さらに施設の最適な初期投資規模やその投資額はどれほどかといったことについて考えておくことが重要である．

ただし，河川構造物は短期間で機能が陳腐化する機械・電気設備や情報機器とは異なる（ゲートやポンプの関連設備では問題となるが）ため，LCCの概念を念頭に置きつつも，河川構造物に対応したライフ・サイクルの考え方を持つべきであると考える．すなわち，人間が高齢化すると若者の斬新な考え方に劣るのではなく，長年培われた老練な技術・能力があり，ただ肉体的な衰えがあるだけのことと同じである．

したがって，河川構造物の維持管理を考える場合，新設の構造物では，LCCの観点から維持管理が容易な構造（メンテナンスフリー）にしたり，高耐久性材料・技術の開発が望まれる．また，既設構造物では，耐用年数を伸ばすために経済的な補修・補強技術が望まれる．なお，構造物は維持と修繕[注4]によって維持管理を行うが，本書が対象としている河川構造物では機械的に修理するというより，強度や機能の確保を目指して対処するという意味で維持の概念も含めて補修・補強と称している．

河川管理施設等を考えるうえで，基幹となる施設は堤防である．しかし，堤防はその履歴や内部構造に不明な点が多い（空洞探査技術も精度よく確実に計測できる水準までには至っていない）だけでなく，被災した後，2次災害が発生しないよう，災害復旧により早期に維持管理（補修）される性格が強いため，本書では堤防および複合施設であるダムなどを対象外として，物理的な劣化過程がある程度明らかで，かつ施設数が多い堰・床止め，樋門・水門，揚排水機場，道路橋を対象としている．

本書の構成は以下に示したように，まず各施設の概要を紹介し，次にこれまで調査された施設の

---

注3）LCCとはライフ・サイクル・コストの頭文字をとった略称で，1930年代に提唱された費用便益分析にその考え方の起源がある．概ね，LCC＝計画・設計費＋初期建設費＋維持管理費＋解体処分費＋社会的費用で定義される．なお，供用期間中における貨幣価値の変化に対しては，割引率（通常3～5％）で換算している．

注4）維持とは機能を維持するために日常計画的に行われる手入れ，または軽度な修理を意味し，ある状態に絶えず保つ行為をいう．一方，修繕とは日常の手入れでは及ばないほど大きくなった損傷部分の修理および施設の更新を意味し，元の状態に戻す行為をいう．

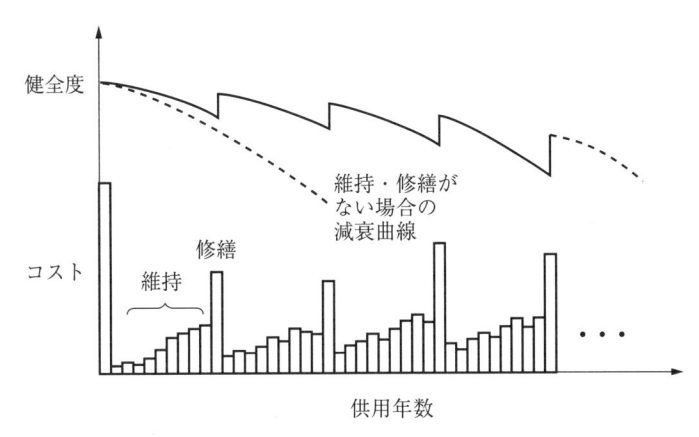

構造物の健全度の減衰曲線

損傷・劣化事例を示している．そして，平常時および洪水時等における施設の点検・維持管理の仕方について述べ，点検の結果判明した損傷・劣化を診断する手法について言及している．さらに施設の機能延命のための補修・補強手法をどのように選定するか，また実際の施設で実施された事例を紹介している．

すなわち，本書は河川管理施設等の計画・設計・維持管理に至る一連の維持管理手法を網羅したものであり，類書が見当たらないマニュアル構成となっている．

1. 施設の概要
2. 損傷・劣化の実態
3. 点検・維持管理
4. 損傷・劣化の調査・診断
5. 補修・補強手法の選定と事例

本書では基本的な考え方や手法だけでなく，具体的な事例も紹介しているので，現場で活躍している実務者はもとより，計画・設計に携わっている技術者，さらには河川について研究している研究者および大学生の方々にも参考になるなど，多くの読者のニーズに応えられるものと期待されるので，ぜひご一読いただき，ご意見・ご批判等をいただければ，著者にとって幸甚である．

## 参 考 文 献

1) 米国州計画機関評議会編・古賀一成訳：荒廃するアメリカ（開発選書），開発問題研究所，1982
2) 山口嘉一：米国ダム技術見聞録（その1），ダム技術，No. 80, 1993
3) （社）日本道路協会：道路橋示方書・同解説Ⅳ下部構造編，（社）日本道路協会，2002
4) 運輸省港湾技術研究所編：港湾構造物の維持・補修マニュアル，（財）沿岸開発技術研究センター，1999

# 1章　維持管理の考え方

## 1.1　基本的な考え方

　河川は洪水，高潮等による災害を防止し，河川が適正に利用されるとともに，流水の正常な機能が維持され，河川環境の整備と保全がされるよう総合的に管理される必要がある（河川法1条）．この河川管理には河川工事，維持，修繕，行政管理すべてが含まれ，公共用物である河川がその機能，形態を維持し，河川がその目的を十分達成するために行う各種の行為，作用が河川管理である．なお，本書では河川管理に含まれる維持も管理と並んで重要と考え，「河川構造物の維持管理」としている（図1.1参照）．

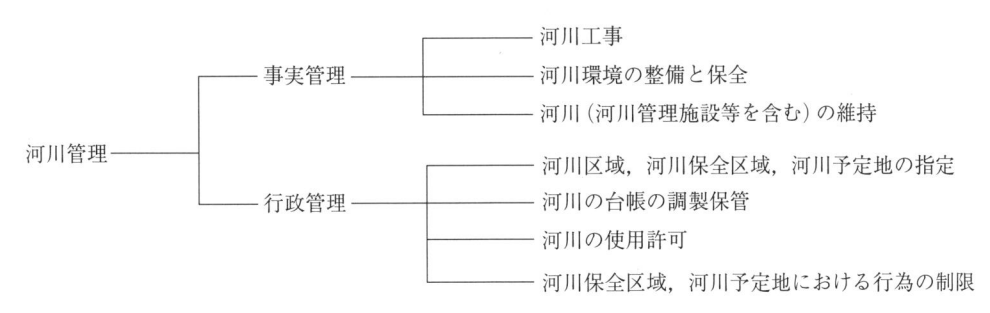

```
                    ┌─ 河川工事
         ┌─ 事実管理 ─┼─ 河川環境の整備と保全
         │          └─ 河川（河川管理施設等を含む）の維持
河川管理 ─┤
         │          ┌─ 河川区域，河川保全区域，河川予定地の指定
         │          ├─ 河川の台帳の調製保管
         └─ 行政管理 ─┤
                    ├─ 河川の使用許可
                    └─ 河川保全区域，河川予定地における行為の制限
```

図1.1　河川管理の分類
（出典：藤井編著：現場技術者のための河川工事ポケットブック，山海堂[1]）

　河川の維持管理も災害の発生を防止するために行われなければならない．また，河川改修が進捗したとしても，その維持管理が十分に行われなければ，年月を経るにしたがって，河川構造物も劣化や老朽化が進行し，河川管理上支障が生じ，洪水を安全に流下させることが困難となる．河川構造物の本来の機能を発揮させるためにも，計画的に維持管理していかなければならない．そして，河川や構造物を常によく巡視するとともに，出水期前後や臨時・定期的に点検を行い，樋門・堰・床止め等の変状，損傷等の異常の早期発見に努め，異常を発見したときは原因を究明し，速やかに補修を行って，災害の発生を未然に防止しなければならない．

　ところで，20世紀が建設や環境指向の時代であったのに対して，21世紀は維持管理や高度情報化の時代になると考えられる．戦後国土保全事業の推進にともなって，各種河川管理施設等が多数建設され，特に堰，床止め，樋門の数は非常に多いし，経年的にも増加している（例えば，昭和43年から昭和60年にかけて1.4倍に増加した）．施設数が増えると，その運用および維持管理に要する費用や労力も増大する．低経済成長下にあっては，その負担の大きさはなおさらである．

建設政策研究センターによれば，建設省所管の公共施設に関して，1995年時点の維持・更新投資額／総投資額は17%である．しかし，2025年には総投資額の伸びがないケースでは42%，総投資額が対前年比△1%のケースでは実に51%に達すると試算されており，新規の建設投資が急激に圧迫される事態がまもなく到来することが予想される（**表1.1**）．

**表1.1　維持・更新投資額／総投資額の推移**

| 投資額の対前年比割合 | | 1995年 | 2010年 | 2025年 |
|---|---|---|---|---|
| △1% | 維持投資額 | 15% | 27% | 37% |
|      | 更新投資額 | 2%  | 4%  | 14% |
| +0%  | 維持投資額 | 15% | 24% | 31% |
|      | 更新投資額 | 2%  | 4%  | 11% |
| +1%  | 維持投資額 | 15% | 22% | 26% |
|      | 更新投資額 | 2%  | 3%  | 8%  |

（出典：建設政策研究センター「PRC Note，第23号[2]」に基づいて作成）

すなわち，管理しなければならない施設数の増大に加えて，建設された河川管理施設等は経年的に老朽化・劣化したり，陳腐化したりするので，ますます維持・更新する施設が増大することとなる．

施設の耐用年数は，大蔵省令によれば，土堤は40年，鉄筋コンクリート造の橋は60年などと決められている[3]．この数値は資産の種類ごとに税務計算（資産の減価償却）のために定められた耐用年数であり，物理的減耗を中心に使用または時間経過によって損耗・劣化が著しく，修繕等を行って維持するよりも廃棄・更新したほうが有利な状態を想定して定められている．

こうした物理的耐用年数は，施設自体の（摩耗，風化，腐食等による）劣化等に基づく減耗だけでなく，施設を取り巻く環境（災害・火災による損傷・劣化，設計・施工の不備による損傷の促進）によって生じる減耗も影響する．しかし，実際の施設の耐用年数はこの物理的減耗だけでなく，社会的減耗や機能的減耗によっても決定される．

社会的耐用年数とは，堤防の嵩上げに伴って橋梁を架け替えたり，耐震性向上のために施設を改築したり，流下能力の増大・河床変動・河道掘削に対応して堰や床止めを改築するといった，施設自体はまだ利用できるものの，社会経済的な要請や外部環境の変化に対応させるために施設を改築するもので，施設の耐用年数はこうした要因で決まることも多い．

一方，機能的耐用年数とは新技術・新材料の出現等，内外の施設を取り巻く環境の変革に対応できずに効用が低減することによるもので，技術革新や設備の近代化の要求に対応不可能となる施設の陳腐化等が該当する．こうした陳腐化に伴う機能的耐用年数はG. Terborghによって提唱された（**図1.2**）．

例えば，過去に行われた道路橋の架替実績でみれば，道路橋は約50年でほぼ半数の橋が架け替えられている．架替理由をみると，供用年数の長い橋では改良工事（路線・線形の改良，河川改修），損傷などが多く，供用年数の短い橋では改良工事，機能上の問題（幅員狭小），耐荷力不足な

耐用年数 ─┬─ 物理的耐用年数・・・・施設の被災・劣化・腐食など
　　　　　├─ 社会的耐用年数・・・・計画変更・安全性向上・河相変化に対する施設の改築など
　　　　　└─ 機能的耐用年数・・・・新技術・新材料の出現等により陳腐化した施設の更新など

**図1.2　耐用年数の分類および内容**

どが多い[4]．これらより，道路橋の架替えは物理的減耗よりも社会的減耗による理由が多いことがわかる．

## 1.2　維持管理のポイント

維持管理を考えるに当たっては，施設の損傷・劣化に関する調査結果に基づいて，<u>維持管理計画</u>を策定する必要がある（1.3節参照）．計画には将来的な長期計画と中期的な実行計画が考えられるが，ここでは中期的な実行計画について述べる．

計画策定の際には，施設の建設時期・耐用年数・被災および補修履歴，損傷・劣化状況からみた個別施設の更新計画，用途廃止される（た）許可工作物の撤去計画について考える．また，施設の維持修繕計画についても合わせて策定しておく必要がある．そして，今後10か年程度の期間を対象に優先順位，コスト，他事業との関連，実施に当たっての制約条件（改修計画，環境他）等を勘案して，実行計画を策定する．

維持管理は，施設の調査・計画・設計・施工・運用といったプロセス全体を通して（フィードバックも含めて）考える必要がある．各プロセスごとに維持管理に関する留意事項を示せば，以下のとおりである．

・施設の計画・設計
　　→①コスト・維持から考えた適切な施設の配置・規模の決定
　　→②初期投資・LCCを考えた，低コストで長持ちする施設設計
・施設の運用段階
　　→③施設の調査・点検
　　→④施設の損傷・劣化診断
　　→⑤施設の耐久性向上のための補修・補強
・施設の更新
　　→⑥老朽化・陳腐化した施設の更新時期の決定

①コスト・維持から考えた適切な施設の配置・規模の決定

　例えば，横断工作物や橋梁などは，川幅の狭い箇所に建設するほうが建設コストは少なくてすむ．しかし，こうした箇所は流速が速いため，河床洗掘が生じやすく，必要となる対策工（護床工など）に要するコストが高くなるため，機能面はもちろんのことであるが，これらの点も含めて総合的に評価して，施設の配置等を決定する．また，床止めや堰などの横断工作物は洪水流に伴う河床低下により被災する場合が多いので，流れが局所的に集中する湾曲部には

②初期投資・LCC を考えた，低コストで長持ちする施設設計

　施設の設計段階では必要な施設諸元に対して，安全性・維持管理の容易さを前提として，低コストの施設を設計することが基本となる．しかし，この前提条件で施設設計を行うと，建設コストが安くても将来の運用・維持管理に多額のコストを要し，LCC から見て好ましくないケースも考えられるので，その場合は初期投資が高くても LCC が安い，または長持ちする施設設計を行うよう配慮する（1.4節参照）．

③施設の調査・点検

　施設が損壊したり，機能を停止してから補修・補強を行うのではなく，常日頃の調査・点検等を通じて，損傷・劣化がないかどうかを調べておく（1.5節参照）．調査・点検手法としては目視のほか，CCD スコープ[注1]を用いた観察，設備の動作確認などがある．なお，堰や床止めなどの横断工作物は絶えず流水があるため，施設の変状等を発見することがむずかしく，施設建設後10～20年に1回程度は施設周辺を締め切ってドライ状態としたうえで調査・点検を行う必要がある．建設後40～50年経過した床止めで同様の調査を行った結果，写真1.1に示した水叩き部およびその下部の侵食が見つかった事例もある．

**写真1.1　床止め水叩き部の侵食事例**

④施設の損傷・劣化診断

　次の段階としては，発見された（または発生の疑いのある）損傷・劣化について詳細な調査を行う．樋門下の空洞に対しては連通試験，構造物およびその周辺の非破壊試験としては電磁波探査や電気抵抗法などの調査手法がある．次にこうした詳細調査結果や施設諸元等をふまえ

---

注1）先端に CCD カメラ（LED 照明内蔵）を付けたチューブを伸ばせば，構造物の隙間から2～3m 先まで観察できる．画像は液晶モニターで観れるし，録画することも可能である．

て，損傷・劣化の程度を診断する（1.6節参照）．この場合，どのような状況に対してどのような診断手法を用いるかがポイントとなるが，診断に当たっては経験則（これも重要であるが）だけではなく，施設の強度・空洞の大きさ・土質性状といった物理的な指標，さらに施設諸元・被災履歴・治水地形などもあわせて判断項目とするのがよい．治水地形としては，旧川締切箇所（新河道と旧河道との交差箇所で堤体内に砂礫があり，透水性が高く漏水しやすい）や落堀（破堤による洗掘跡で，地盤が低く，漏水危険性がある）などがある．

⑤施設の耐久性向上のための補修・補強

調査・点検により何らかの損傷・劣化が見つかり，処置する必要性があると診断された場合，損傷・劣化状況に対して延命する期間，コスト，手法の容易さなどを勘案して補修・補強方法を決定し，補修・補強を行う（1.7節参照）．この場合，補修・補強によりどの程度の信頼性を回復させるかを考慮する．この信頼性は材料特性，自然環境，負荷の変化と関連した状況の確率となる．

⑥老朽化・陳腐化した施設の更新時期の決定

損傷・劣化に対して補修・補強を行っても，施設の機能維持が望めない場合，設備の陳腐化等に対して施設の大幅な機能向上が求められる場合などには，施設更新について検討を行う．この場合も延命化が得策か，施設更新が得策かについて社会経済的に評価しておく必要がある．

次節以降では，上記した項目のうち，ポイントとなるアンダーラインを引いた項目について，詳述する．

## 1.3　システムとしての維持管理

1.2節で述べたように，計画・設計等の各プロセスごとに維持管理について配慮する必要があるが，プロセス全体としてシステム的に維持管理を考えないと，整合性がとれない場合がある．既存の施設に関して，各プロセスをふまえた維持管理手法の流れをフローで示すと，図1.3のようになる．なお，図1.3には巡視・点検の結果，判明した損傷・劣化に対する対応を示しているが，将来的には劣化予測に基づく維持管理も計画に取り込むべきであると考える．なぜなら，近年の設計においては性能規定型の設計手法への移行が提唱され，構造物の供用期間中の性能を評価するため，現況の性能評価だけではなく，劣化予測に基づく性能（劣化）評価も必要だからである．

上記したフローのように，損傷・劣化に対する対応が必要とわかれば，施設の機能をどの程度まで回復すればよいか（一般的に供用期間が長いほど初期状態の機能までの回復は困難）を考えて，経済性に優れた補修・補強手法を決定する．こうした機能回復の目標とそれに対する補修・補強手法が決定されるたびに，維持管理計画に組み込むようにする（対策実施の優先順位を決めておく必要がある）．計画策定に当たっては，河川改修計画との整合性をとり，LCCを含めた経済性評価を行うとともに，河川環境へ与える負荷が大きくないかどうかについても検討を加える．さらに，維持管理計画は既存の補修・補強計画や施設の維持計画も含めたものとする．

近年，発展している維持管理の概念にアセット・マネジメントがある．これは構造物の状態を客

```
                ┌──────────────────┐
                │ 巡視・点検のための除草 │
                └──────────────────┘
                         ↓
   モニタリング   ┌──────────┐
   ┌──────→    │ 巡視・点検 │←──── ┌──────────────┐
   │           └──────────┘      │ 必要に応じて詳細調査 │
   │                ↓             └──────────────┘
   │        ┌──────────────┐
   │        │ 巡視・点検結果の │----→ データベース化
   │        │   記録・保存    │
   │        └──────────────┘
   │                ↓
   │        ┌──────────────┐
   │        │  損傷・劣化診断  │
   │        └──────────────┘
   │                ↓
   │   ┌────────────────────┐   ┌──────────────┐
   │   │ 損傷・劣化程度に応じた補修 │←──│ 回復すべき機能設定, │
   │   │  ・補強手法の選定      │   │ 手法の経済性評価   │
   │   └────────────────────┘   └──────────────┘
   │                ↓
   │                         ┌──────────────┐
   │                ←────── │ 河川改修計画との整合 │
   │                         │ LCC, 環境への負荷  │
   │                         └──────────────┘
   │                ↓
   │        ┌──────────────┐   ┌──────────────┐
   │        │ 維持管理計画の策定 │←→│ 既存の補修・補強計画 │
   │        └──────────────┘   │ 施設の維持計画    │
   │                ↓           └──────────────┘
   │        ┌──────────────┐
   └────────│  施設の補修・補強 │
            └──────────────┘
```

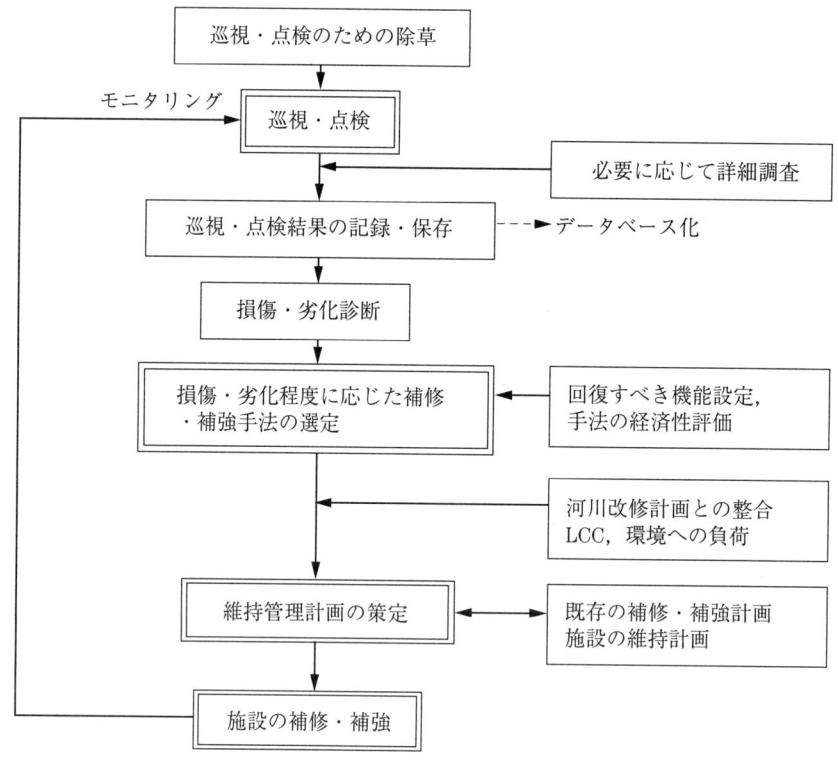

図1.3 システム的に考えた維持管理のフロー図

観的に把握・評価し，中長期的な資産の状態を予測するとともに，予算的な制約の中で，いつ，どのような対策を，どこに行うのが最適であるのか，を考慮して構造物を計画的かつ効率的に管理する手法である[5]．なお，このシステムが所期の目的を達成するためには，システムで用いるデータや技術情報の量や質を十分確保しておかなければならない．今後は，こうした概念を取り入れたシステム的な維持管理を目指していく必要がある．

## 1.4 LCCから見た施設設計（留意事項②）

　施設の設計・施工に当たっては，建設費を少なくするような設計・施工を行うことを心がけるが，維持管理の労力・コストを要しない施設の設計を行うことも重要である．そのためには，新技術・新材料を用いたり，高耐久性技術・材料を用いたり，維持管理が容易な施設となるように設計を行う．

　例えば，遠隔操作によりゲート開閉などの管理ができるようにすれば，集中管理にともなって操作に伴う人件費を削減できる．また，排水機場のポンプをディーゼル・エンジンではなく，ガスタービン・エンジンに変更すれば，冷却水系統機器や操作盤を削除できるなど，機器の簡素化が図れ，維持・点検の負担が少なくなる．

　道路橋の建設においては，流況の厳しい低水路箇所に橋脚を建設するために基礎を深くしたり，

十分な橋脚保護工を設置するよりも，多額の初期投資を要するが，近年の建設技術で可能となった橋脚の1本飛ばし（橋脚スパンを長くとる）のほうが長い目で見た場合に維持管理上有利な場合があるので，代替案の一つとして検討を行う．

高耐久性材料としてはステンレス材料がある．ステンレス材料は維持管理を軽減するのに有効であるが，周囲の炭素鋼の腐食を促進する場合があるので，注意して使用する．また，アルミニウム合金材料は耐食性に優れ，軽量性による操作性向上が図れるため，特に樋門などに適している．

塗料・塗装に関しては，長持ちする塗装材料であるガラスフレーク塗料（ビニルエステル樹脂系）やフッ素樹脂塗料などがある[6]．ガラスフレーク塗料は流木等のダメージに対して強く，フッ素樹脂塗料は大気中における長期の耐候性に優れている．また，防錆効果の高い無機ジンクリッチペイントなどを用いると，供用後の塗装・防錆作業の回数・コストを減らすことができるとともに，施設の延命化にも有効となる．

## 1.5 損傷・劣化の1次調査・点検（留意事項③）

巡視・点検を行う前に，損傷・劣化箇所を発見しやすいように，施設周りの除草を行う．除草は施設の周囲幅5m程度を対象に梅雨期前と台風期前を含めて2回以上行う（除草回数が少ないと，例えば芝はチガヤ等のイネ科植物を経て雑草に遷移して，耐侵食強度が低下する[7]）．

ここで，巡視・点検の定義としては巡視は堤防・河川管理施設等の状況などに加えて，不法行為（ゴミの不法投棄，不法占用，不法係留など）などを見回ることをいい，点検は目視または計測機器等を使用して，ゲートの開閉，ポンプの作動等の状況を確認することをいう．したがって，図1.4には主として構造物を対象とした点検について，その時期・頻度に対して分類例を示した．点検の性格から，詳細点検を分類に加える場合もある．

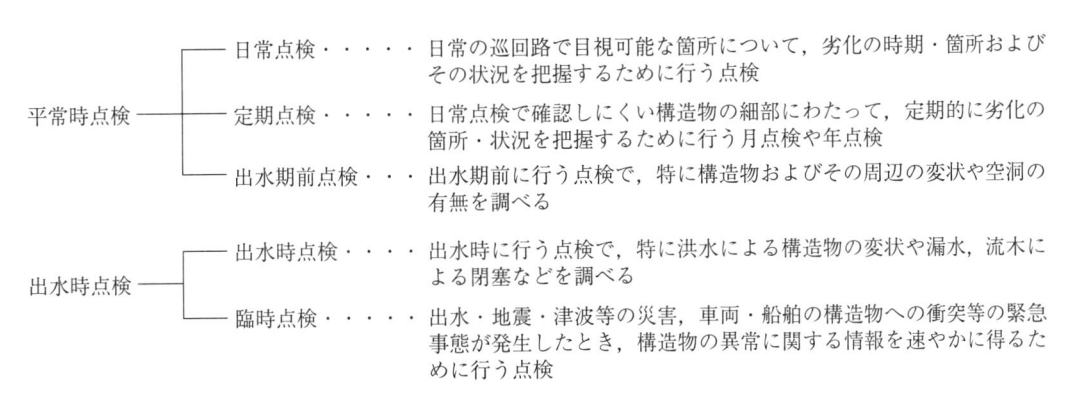

```
          ┌ 日常点検 ・・・・ 日常の巡回路で目視可能な箇所について，劣化の時期・箇所および
          │                    その状況を把握するために行う点検
平常時点検 ┼ 定期点検 ・・・・ 日常点検で確認しにくい構造物の細部にわたって，定期的に劣化の
          │                    箇所・状況を把握するために行う月点検や年点検
          └ 出水期前点検・・・ 出水期前に行う点検で，特に構造物およびその周辺の変状や空洞の
                                有無を調べる

          ┌ 出水時点検 ・・・ 出水時に行う点検で，特に洪水による構造物の変状や漏水，流木に
出水時点検 │                    よる閉塞などを調べる
          └ 臨時点検 ・・・・ 出水・地震・津波等の災害，車両・船舶の構造物への衝突等の緊急
                                事態が発生したとき，構造物の異常に関する情報を速やかに得るた
                                めに行う点検
```

図1.4 時期・頻度から見た点検の種類

日常点検は，河川巡視規程例にその点検項目が示されている．なお，堰・樋門・水門や揚排水機場の機械設備では日常点検は行わず，頻度の高いものでも定期点検（月点検）が実施される．定期点検は河川構造物のコンクリート構造部分，機械設備，塗装および電気・制御設備を対象に実施するが，河川構造物は一般に運転操作の頻度が少ないので，機能および動作の確認のため，管理運転

を行う．出水期前点検では，特に「構造物の変状，破損，汚損がないか，構造物本体周辺や下部に空洞がないか，ゲートは支障なく開閉できるか」といった点に注意して点検する．出水期前点検は国，県，市などの行政機関だけではなく，国土交通省の事務所，県，市，警察，水防団などで構成された水防連絡会で合同巡視を行うなどにより水防団等と合同で点検を行うといっそう効果的である．なお，融雪出水が発生する積雪寒冷地においては，融雪出水前に点検を行うことが困難な場合があるので，その場合は前年の出水期終了後の非出水期に出水期前点検を行う．

　出水時点検では，出水期前点検の点検事項に加えて，「構造物の沈下・傾斜等の異常がないか，流木等による閉塞が生じていないか，施設の下流側の河床が洗掘されていないか，樋門や水門で逆流が生じていないか，構造物周りで漏水が発生していないか等」についても慎重に点検する．また，臨時点検（出水後点検）の点検項目等は出水期前点検に準じるものである．それぞれの点検においては，さまざまな点検項目が考えられるが，表1.2には出水期前の点検項目および内容（堤防・護岸等を除いた主要な項目）を示した．また，表1.3，表1.4には出水期前点検において点検結果を

表1.2　点検項目および内容

| 点検項目 | 点検内容 |
|---|---|
| 構造物全般 | 違法な改造等を施していないか<br>変状，破損，汚損がないか<br>本体周辺や下部に空洞が発生していないか |
| 構造物下流 | 構造物の下流の河道で著しい洗掘や堆積がないか |
| ゲート | ゲートは支障なく開閉できるか<br>（土砂や流木によりゲートが開閉できないことはないか）<br>角落としの本数，保管場所は確認されているか |
| 樋門 | 同上<br>樋門周辺の護岸，高水敷保護工の沈下，空洞化，損傷はないか |
| 護床工 | 流失，変状，破損，空洞，洗掘等がないか<br>下流河道で深掘れが発生していないか |
| 排水機場 | ポンプは正常に作動するか<br>不同沈下や地震等により，機場本体が沈下，変形していないか<br>沈砂池に大量の土砂が堆積していないか<br>吸水槽，吐出水槽は適正に維持されているか |
| 橋梁 | 橋脚周辺で深掘れが発生していないか<br>橋台付近の堤体にひび割れが生じていないか<br>取付け護岸・根固め工に変状，損傷はないか |
| 管理橋 | 床版・手すり等の変状，破損，汚損がないか |
| その他の施設 | 自家発電設備・受変電設備は正常に作動するか<br>除塵機は適正に維持されているか |
| 出水時に撤去すべき工作物 | 撤去計画は策定されているか<br>撤去計画の内容は適正か<br>支障なく，撤去できるか |
| 管理体制 | 操作要領等を確認しているか<br>操作要領等に照らし合わせて，出水時における操作人員の配置計画は適正か<br>出水時の通報連絡体制は適正か |

1.5 損傷・劣化の１次調査・点検

## 表1.3 出水期前点検日誌

平成　年　月　日　曜日　天候

| 点 検 項 目 | 左右岸別 | ○ ○ 川 ||||||  ○ ○ 川 || 点検員 | 点検員 | 点検員 | 点検員 |
|---|---|---|---|---|---|---|---|---|---|---|---|---|---|
| ||| ○k○k<br>○〜○橋 | 〜○k<br>〜○橋 | 〜○k<br>〜○橋 | 〜○k<br>〜○橋 | 〜○k<br>〜○橋 | 〜○k<br>〜○橋 | ○k○k<br>○〜○橋 | 〜○k<br>〜○橋 ||||  |
| (1) 堤防の状況<br>　ア．堤防天端,小段<br>　イ．堤防法面(坂路を含む)<br>　　a 踏み荒らし等<br>　　b ひび割れ及び法崩れ<br>　　c 漏水<br>　ウ．芝等 | 左岸 | | | | | | | | | | | | |
| ^ | 右岸 | | | | | | | | | | | | |
| (2) 構造物(河川管理施設及び許可工作物)<br>　ア．構造物本体等<br>　イ．ゲート<br>　ウ．護岸,高水敷保護工,護床工<br>　エ．取付水路<br>　オ．管理橋<br>　カ．警報装置<br>　キ．構造物下流<br>　ク．出水時に撤去すべき工作物<br>　ケ．管理体制<br>　コ．その他 | 左岸 | | | | | | | | | | | | |
| ^ | 右岸 | | | | | | | | | | | | |
| (3) 護岸,根固め及び護床工 | 左岸 | | | | | | | | | | | | |
| ^ | 右岸 | | | | | | | | | | | | |
| (4) 高水敷<br>　ア．立木<br>　イ．洗掘等 | 左岸 | | | | | | | | | | | | |
| ^ | 右岸 | | | | | | | | | | | | |
| (5) 河岸 | 左岸 | | | | | | | | | | | | |
| ^ | 右岸 | | | | | | | | | | | | |
| (6) 親水施設等 | 左岸 | | | | | | | | | | | | |
| ^ | 右岸 | | | | | | | | | | | | |
| (7) その他 | 左岸 | | | | | | | | | | | | |
| ^ | 右岸 | | | | | | | | | | | | |

(注) 良は○印・否は×印示す．×の場合は記事欄へ具体的に記入する．

1章 維持管理の考え方

**表1.4 出水期前点検日誌（点検用）**

| 点検範囲 | 右岸<br>＿＿＿＿川左岸＿＿＿＿km～＿＿＿＿km | | 平成　年　月　日　天候＿＿＿＿<br>出水期前点検員 | |
|---|---|---|---|---|
| 巡視内容 | | 巡視結果 | 異常箇所記事 | ≪メモ欄≫ |
| (1) 堤防の状況<br>　ア.堤防天端，小段<br>　イ.堤防法面（坂路を含む）<br>　　a 踏み荒らし等<br>　　b ひび割れ及び法崩れ<br>　　c 漏水<br>　ウ.芝等 | | | ・位置<br><br>・内容<br><br><br>・対応（処理） | |
| (2) 構造物（河川管理施設及び許可工作物）<br>　ア.構造物本体等<br>　イ.ゲート<br>　ウ.護岸，高水敷保護工，護床工<br>　エ.取付水路<br>　オ.管理橋<br>　カ.警報装置<br>　キ.構造物下流<br>　ク.出水時に撤去すべき工作物<br>　ケ.管理体制<br>　コ.その他 | | | ・位置<br><br>・内容<br><br><br>・対応（処理） | |
| (3) 護岸，根固め及び護床工 | | | ・位置<br><br>・内容<br><br>・対応（処理） | |
| (4) 高水敷<br>　ア.立木<br>　イ.洗掘等 | | | ・位置<br><br>・内容<br><br>・対応（処理） | |
| (5) 河岸 | | | ・位置<br><br>・内容<br><br>・対応（処理） | |
| (6) 親水施設等 | | | ・位置<br><br>・内容<br><br>・対応（処理） | |
| (7) その他 | | | ・位置<br><br>・内容<br><br>・対応（処理） | |

（注）巡視結果欄には，異常なしの場合○印，異常がある場合は×で示す．×の場合は異常箇所記事欄へ位置・内容等を具体的に記入する．

記入する日誌例を示した.

調査・点検に当たっては,建設当時の状況もふまえて状況に対応して想定される損傷・劣化を念頭において調査・点検を行うと,変状等を確実に把握することができる.例えば,1973年から1984年の間に建設された樋門の基礎には長尺支持杭が用いられているものが多く,樋門下に空洞ができているものがある.空洞調査は直接観察する方法として,削孔してCCDスコープやボアホールカメラ等によって,その程度を調べる.

また,構造物にはさまざまな損傷・劣化状況が発生する.その原因としては,コンクリートに炭酸ガスが侵入して中性化したり,海水に含まれる塩化物イオンが塩害を引き起こすといった建設後に外部から侵入する外的要因と内的要因が考えられる.コンクリート構造物を例にとって,設計時および施工時における内的要因と劣化との関係を例示すると,図1.5のとおりである.点検により,このような劣化現象を発見することは劣化・被害の助長を防ぐうえで重要である.

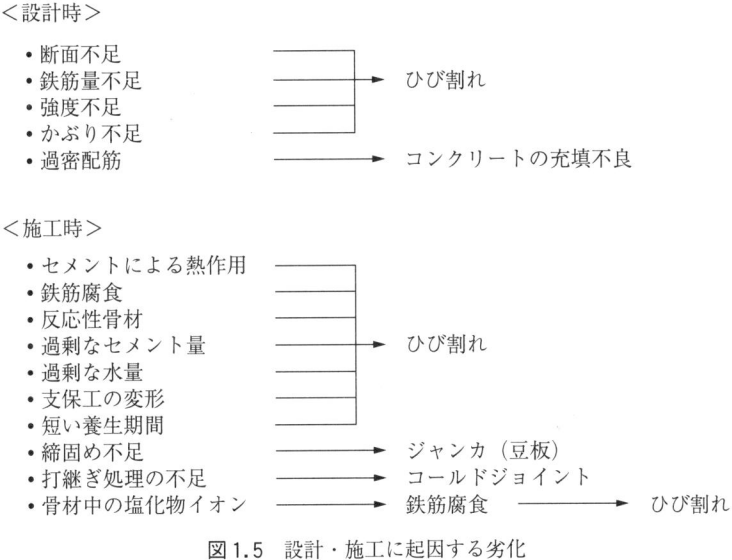

＜設計時＞
- 断面不足
- 鉄筋量不足
- 強度不足
- かぶり不足  → ひび割れ
- 過密配筋 → コンクリートの充填不良

＜施工時＞
- セメントによる熱作用
- 鉄筋腐食
- 反応性骨材
- 過剰なセメント量
- 過剰な水量
- 支保工の変形
- 短い養生期間 → ひび割れ
- 締固め不足 → ジャンカ（豆板）
- 打継ぎ処理の不足 → コールドジョイント
- 骨材中の塩化物イオン → 鉄筋腐食 → ひび割れ

図1.5 設計・施工に起因する劣化

各施設の点検項目等については,2章以降に詳述するが,ここでは参考までに基本となるマニュアル（必ずしも維持管理に関するマニュアルではないものもある）を各施設ごとに示しておく.

・床止め→（財）国土開発技術研究センター「床止めの構造設計手引き」H10
・堰→（社）ダム・堰施設技術協会「ダム・堰施設技術基準（案）」H11
　　（財）国土開発技術研究センター「ゴム引布製起伏堰技術基準（案）」H12
　　（社）ダム・堰施設技術協会「鋼製起伏ゲート設計要領（案）」H11
　　（社）ダム・堰施設技術協会「水門・樋門ゲート設計要領（案）」H13
　　（社）ダム・堰施設技術協会「ゲート点検・整備要領（案）」H17
・樋門・水門→同上
・揚排水機場→建設省「河川ポンプ設備更新検討要綱・同解説」H6

多年を経過した設備を対象に耐用限界・機能保全限界を把握するための総合点検

国土交通省「河川ポンプ設備更新検討マニュアル」H 20

国土交通省「揚排水機場設備点検・整備指針(案)」H 20

(社)河川ポンプ施設技術協会「排水機場設備点検・整備指針(案)同解説」H 13

国土交通省総合政策局建設施工企画課監修「揚排水機場設備点検・整備実務要領」H 14

建設省「揚排水機場耐震点検マニュアル・解説」H 7

(社)河川ポンプ施設技術協会「揚排水ポンプ設備技術基準(案)同解説」H 13

・道路橋→(社)日本道路協会「道路橋示方書・同解説Ⅳ下部構造編」H 14

建設省土木研究所橋梁研究室他「橋梁点検要領(案)」S 63

(財)道路保全技術センター「防災カルテ作成・運用要領」H 8

## 1.6 損傷・劣化の詳細調査および診断(留意事項④)

各施設に関する詳細な調査・診断手法は2章以降で述べるので,本節では樋門および道路橋等を対象として,調査・診断手法の例示を行う.

樋門のうち,特に軟弱地盤上に支持杭で支持された樋門は堤体荷重による基礎地盤の圧密沈下に追随できず,底版下に空洞が生じやすい.また,底版下だけでなく,樋門側面に沿って天端にかけてクラックや緩みができ,これが水みちとなって土粒子の流動を起こし,漏水被害を引き起こすことがある[8].したがって,こうした空洞または空洞等に伴って形成された水みちを見つけることが重要となる(図1.6).これまで,目視,鋼棒等による簡易貫入等により外観または函内における損傷・変状調査が行われてきた.しかし,これらの調査手法は空洞や水みちを見つけるという意味では間接的な方法であった(例えば,堤体の抜け上がりがあると,樋門の床版下に空洞ができていると推定する,など).

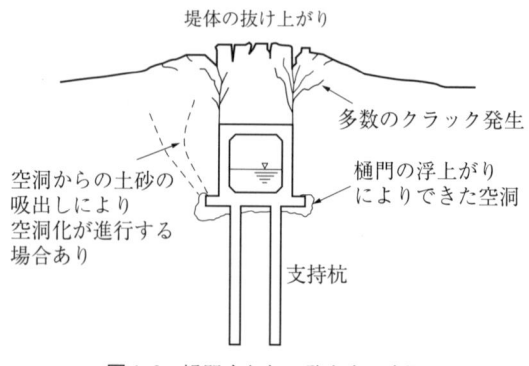

図1.6 樋門まわりに発生する空洞

これに対して,水みちを確実に見つける方法に連通試験がある(詳細は4.4.2に記述).連通試

験は矢板を挟んで底版に2孔削孔し，うち1孔からの注水（水圧変動）が他孔でどう応答するかを測定する方法である．例えば，多量の注水等に対して水位上昇が少ない場合は空洞または水みちが広がっていると診断できる．連通試験を行うに際しては，底版削孔で湧水がある場合，削孔直後の圧力開放によって地盤が乱されることを防ぐため，直後に管を立上げ湧水を止める措置をとる．また，試験によって新たな水みちが形成されないように，矢板による仕切りがある場合，矢板の両側に加える圧力差は1m以下とする必要がある．

樋門の損傷・劣化に関する診断は従来専門家が行ってきた．しかし，対象延長が長区間に及ぶ場合や短期間で診断しなければならない場合，専門家でなくても簡易に診断できる手法の開発が望まれる．一つの試みとして，大谷ら[9]は樋門を対象に現地観察（堤体抜け上がり，護岸不同沈下など）および資料調査（基礎形式，地質条件，止水矢板など）の結果より，施設の健全度評価を行い，詳細調査の必要性を判定する手法を開発した．

なお，樋門をはじめとする河川構造物およびその周辺での調査にはさまざまな物理探査法が用いられている．これらの探査法は不確実性を含むため，診断に十分に活用されるには至っていないが，今後の技術開発により発展が望まれるので，表1.5に代表的な手法について網羅しておく．

表1.5 代表的な物理探査法の精度および適用性

| 手法 | 項目 | 主要な内容 |
|---|---|---|
| 電磁波探査（マイクロ波） | 測定方法 | 1m×2m程度のアンテナを牽引する |
| | 限界深度 | 一般に1～30m（粘性土約1m，砂質土1～5m） |
| | 精度 | 数cm～数十cm（コンクリート数cm，土質約10cm） |
| | 適用性 | ・コンクリート厚10cm～1mまで探査可能<br>・コンクリート下の厚さは10cm以上の空洞は検出できる<br>・鉄筋があれば不可<br>・土中の亀裂，空洞は開口していれば検出できる |
| 電気抵抗法 | 測定方法 | 必要精度程度の間隔で電極棒を打設する |
| | 限界深度 | 通常1～500m（最小数cm，最大数km） |
| | 精度 | 通常5m以浅で1m．深度とともに精度は低下する |
| | 適用性 | ・土質を対象とするとき，粒度（間隙比）と含水比（飽和度）に基づく比抵抗値から土質を判別できる<br>・土質の分布構造，土中の空洞の存在が把握できる |
| 反射法（弾性波探査法） | 測定方法 | 2～5m間隔で地震計を設置し，同じ間隔で起震する |
| | 限界深度 | 通常1～500m（深度2～3m以浅の探査は不可） |
| | 精度 | 浅部で1m，深部で数m程度 |
| | 適用性 | ・土質の違い，堅さ（N値等）による構造境界が判別できる<br>・土中の空洞の存在を捉えられる |

（出典：藤井編著：現場技術者のための河川工事ポケットブック，山海堂[10]）

一方，橋は河川との関係では，橋脚周りの河床洗掘を発見することが重要となる．従来はボート上からポールまたはスタッフなどを用いて洗掘深を計測したり，潜水士による水中部の目視調査を行っていた．しかし，これらの調査方法は流速が速い場合は危険を伴うし，十分な精度・頻度で調

査を行うことは費用・労力のうえで困難な場合もある.

最近では,ラジコン・ボートやカラー・イメージング・ソナーを用いて調査が行われている.ラジコン・ボートではボート上の音響測深機により河床高を計測しているし,カラー・イメージング・ソナーでは橋の上部構造から降ろした超音波センサーによる河床状況をモニタ画面上に表示して,調査している[11].前者の方法が広範囲の河床状況調査に適しているのに対して,後者の方法は橋脚周辺の限られた範囲の調査であり,調査の目的等によって調査手法を使い分ける必要がある.

また,他の施設についてみれば,例えば床止めや堰下流の護床工は群として跳水等による土砂吸出しに伴う洗掘を防ぐもので,限定された範囲の護床ブロック群が流失してもあまり影響はないと考えられがちであるが,流失ブロックが引き金となって床止め全体が被災を受けた事例もある(**写真1.2**)ため,部分的な護床工の流失も処置すべき対象と診断するほうが適切である.

**写真1.2** 護床ブロックの流失に伴う被災
左:洪水前の状況,右:洪水後の被災状況

## 1.7 補修・補強手法(留意事項⑤)

施設点検や損傷・劣化の調査・診断により,損傷・劣化の程度が大きいことが明らかになると,施設の補修・補強について考える.ただし,堰や揚排水機場等の機械設備は損傷・劣化がなくても使用頻度が高いので,絶えず整備(定期整備,保全整備)を行っておく.

詳細な補修・補強手法は2章以降に記述しているが,例えば,樋門では発見された空洞等に対してはグラウト充填,矢板の打設,伸縮性コーキング材や可とう性継手による止水補修などの方法もあるが,他区間と同程度の堤防の安全性を確保できない場合は,抜本的な対策として川表側に遮水矢板を打設して堤体に水を入れない対策をとるか,止水板や連壁により水みちを遮断するなどの対策を講じる必要がある.

また，水門や樋門では洪水流による洗掘や地震により門柱が傾くなどの変状が発生すると，ゲートの開閉ができなくなり，洪水の逆流に伴う浸水などの被害が発生するので，巡視や点検により変状を早期に発見し，補修・補強等の対応をとらなければならない．

一方，洗掘された橋脚周辺に対しては，橋脚が以下のような状態となった場合に，補修・補強対策が必要となる．

① 洗掘深が設計地盤面以下に達したか，または将来設計地盤面以下に達すると判断され，橋梁の強度や安全性，耐久性に問題が生じた場合
② 洗掘の影響ですでに橋脚の沈下，傾斜，移動，断面破損などの弊害が生じている場合

補強工法は**表1.6**に示すとおりであるが，工法の選定に当たっては洗掘深，洗掘範囲，橋梁の変状，河床の地質，河道特性等を総合的に調査したうえで，橋梁の安全度をどの程度回復させるかを考えて選定する．

表1.6 橋脚の補強工法

| 補 強 工 法 | 工 法 の 概 要 |
| --- | --- |
| 桁受け梁で杭に荷重分担させる方法 | 橋脚の周囲に突出し杭を打込み，杭頭部に結合した桁受け梁で直接上部工を支持する方法 |
| 新設フーチングで杭に荷重分担させる方法 | 橋脚の周囲に杭を打ち込み，フーチングで結合して安定度を増加させる方法．既設基礎と新設基礎を一体化して安定させるには，旧コンクリートと新コンクリートの結合方法に十分配慮する必要がある |
| 矢板とコンクリート充填で周辺を固める方法 | 基礎の周囲を矢板等で取り囲み，洗掘の進行を防止するとともに，矢板内部にコンクリートを充填して周囲を固める方法である．充填材として捨石などの投入も行われる |
| 根固め工で周辺を固める方法 | 橋脚周辺の局所洗掘に対して，異形コンクリートブロックや捨石により洗掘防止を行う方法 |
| 地盤改良で周辺を固める方法 | 河床地盤の強度増加と洗掘の進行を防止する目的で地盤改良を行う方法．地盤改良には固結強度の大きいセメント系の注入材と，砂礫層の均質な改良ができる浸透性の良いガラス系の注入材を注入する |

(出典：宇多他：治水上から見た橋脚問題に関する検討，土木研究所資料，第3225号[12])

## 1.8 河道・洪水特性と損傷・劣化

河川管理施設等が他施設と大きく異なる点は流水の影響を受けることである．流水はゲート等の構造物を腐食させたり，コンクリート構造物の劣化を促進する（河口域では塩水の影響を強く受ける）．特に流水作用が大きな洪水は堤防・河岸侵食により直接施設を被災させるほか，土砂移動を伴うため，河床を洗掘し，橋脚の基礎が露出したり，堰や床止め下流の護床工等を流失させる．したがって，どのような場合に大きな堤防侵食・河岸侵食や河床洗掘が生じるかについて知っておくことが重要である．

洪水形態，河道平面形状，砂州形態等に対して，侵食（河床洗掘，側方侵食）に大きな影響を及ぼす要因を整理すると，以下のとおりである．

【洪水形態】
・長時間洪水→洪水規模が小さくても洪水が長時間続くと外力の作用時間が長くなって施設が被災を受ける場合がある．なお，侵食ではないが，長時間洪水では堤体内の浸潤面が高くなって浸透に伴うのり崩れやパイピングが発生する場合がある
・波形が尖鋭な洪水→減水期に洪水位が急に下がると，堤体内の残留水圧が高くなって護岸が崩れる場合がある[注1]

【河道平面形状】
・直線部→砂州が移動しやすいので，深掘れ箇所も同時に移動する．最大洗掘深は砂州高の約8割である．低水路幅を広げたり，河道を直線化すると，砂州形態が変形したり，砂州が移動しやすくなる
・湾曲部→砂州の移動は少ないが，外岸側は2次流[注2]によりかなり深掘れする．また，左右岸で大きな水位差が生じる場合があるので，侵食と越水に対する注意が必要である

【砂州形態[注3]】
・単列砂州→砂州が発達した箇所の前頭部対岸で深掘れする．流量が増大しても洗掘深はあまり変わらない．砂州の砂利採取を行っていたときは，対岸は深掘れしていなかったのに，砂利採取をやめた途端，対岸の深掘れが進行することがある
・複列砂州→流量が少ない場合でも，偏流（河岸に向かう流れ）により河岸沿いが侵食される．流量が増大すると，それに比例して洗掘深が大きくなる．砂州の発達に伴い大きな水位上昇となるので，越水にも注意が必要である
・砂州の規模が大きいと，砂州（または深掘れ箇所）の移動は遅い

【施設箇所】
・堤防・河岸→セグメント1のような急流河川ほど側方侵食量が大きい．100mもの側方侵食が発生した事例もある．セグメントごとの推定最大侵食幅は表1.7のとおりである．また，河床の洗

表1.7 セグメントごとの推定最大侵食幅

| セグメント | 推定最大侵食幅 | セグメント区分 ||
| --- | --- | --- | --- |
| | | 粒径 | 河床勾配 |
| 1 | 砂州幅の1/2程度で最大40 m | 2 cm以上 | 1/60～1/400 |
| 2—1 | 低水河岸高の5倍程度で最大30 m | 1～3 cm | 1/400～水平 |
| 2—2, 3 | 低水河岸高の(2～3)倍程度で最大20 m | 1 cm以下 | |

注1）直轄の大河川における洪水位の上昇速度は速くて2～3 m/h程度であるが，流出の速い中小河川では10 m/h以上となる場合がある[13]．減水速度は上昇速度ほど速くないが，やはり中小河川では速くなる
注2）湾曲部では外岸側の水位が上昇するため，水位差による水圧が特に下層の内岸向きに生じる．また，遠心力に伴う水圧が特に上層の外岸向きに生じる．これらの力が合成して，横断方向に発達した2次流が外岸側の河床を洗掘し，内岸側に土砂を堆積（砂州を形成）させる
注3）砂州形態は$B/H$（川幅水深比）で規定され，$B/H \leq 70$の場合には単列砂州，$B/H \geq 140$の場合には複列砂州やうろこ状砂州が形成される

掘深が大きいほど，側方侵食も大きくなる傾向にある
・橋脚周り→橋脚周りの洗掘深は橋脚幅に比例するが，フルード数とも関係する．洗掘範囲（ピア表面からの洗掘長）は洗掘深の2倍程度である．また，水深／粒径が大きいほど，大きな洗掘深となる
・横断工作物→工作物が洪水流の疎通障害となって迂回流を発生させる場合がある（特に工作物が堤防や河岸に嵌入している場合）．また，計画流量のような大洪水（潜り越流となる）の場合ではなく，工作物上下流の水位差が大きい洪水ほど大きな流速，せん断力となり，水叩きや護床工が被災を受けたり，大きな浸透圧が発生してパイピング（本体下の土砂流動）を起こしやすい．すなわち，計画流量時の流況以外の流況についても考慮しておくことが必要である

## 参 考 文 献

1) 藤井友並編著：現場技術者のための河川工事ポケットブック，山海堂，2000
2) 建設省建設政策研究センター：我が国経済社会の長期展望と社会資本整備のあり方に関する研究，PRC Note，第23号，1999
3) 小田嶋清治編：5年改正版　減価償却資産の耐用年数表とその使い方，日本法令，1993
4) 西川和廣：道路橋の寿命と維持管理，土木学会論文集，No. 501，I-29，1994
5) 佐藤弘史：橋梁の維持管理・補修補強，土木技術資料，Vol. 45, No. 8, 2003
6) 明嵐政司・守屋進・西崎到：河川・ダム施設防食ガイドライン（案）　塗料・塗装編，土木研究所資料，第3684号，2000
7) 宇多高明・望月達也・藤田光一ほか：洪水流を受けた時の多自然型河岸防御工・粘性土・植生の挙動，土木研究所資料，第3489号，1997
8) (財) 国土技術研究センター：河川堤防の構造検討の手引き，2002
9) 大谷悟・末次忠司・小林裕明ほか：樋門・樋管の健全度診断手法，土木技術資料，Vol. 40, No. 12, 1998
10) 藤井友並編著：現場技術者のための河川工事ポケットブック，山海堂，2000
11) 石田雅博・野々村佳哲・福井次郎ほか：洗掘による道路橋基礎の被害実態とその対策，土木技術資料，Vol. 45, No. 8, 2003
12) 宇多高明・高橋晃・伊藤克雄：治水上から見た橋脚問題に関する検討，土木研究所資料，第3225号，1993
13) 末次忠司：河川の減災マニュアル，山海堂，2004

# 2章 床止め・堰（本体）

　床止め，堰（本体，土木施設部分）が洪水流に対して満たすべき条件はさまざまな設計基準[1]〜[3]に記されている．しかし，床止め・堰の設置後に洪水流により河床が変動するため，設計後に基準を満たさなくなることもある．本章では，施設の概要と近年の典型的な損傷・劣化の実態を記し，点検・維持管理，損傷・劣化の調査・診断，補修・補強手法の選定と事例について，近年の研究成果も含めて記述している．

## 2.1 施設の概要

　床止め・堰の維持管理には，各構造物が果たす目的を把握し，各構造物が対象とする洪水流に対して要求される水理学的，材料学的な要件を満たし続けることが重要である．床止め・堰は多くの構造物から構成され，さまざまな名称がある．ここでは床止め・堰を構成する各構造物の目的・機能と床止め・堰の目的などに応じて用いられる分類の仕方について説明する．

### 2.1.1 床止め

　床止めは，河道を横断する構造物であり，図2.1および表2.1のように本体，水叩き，護床工，

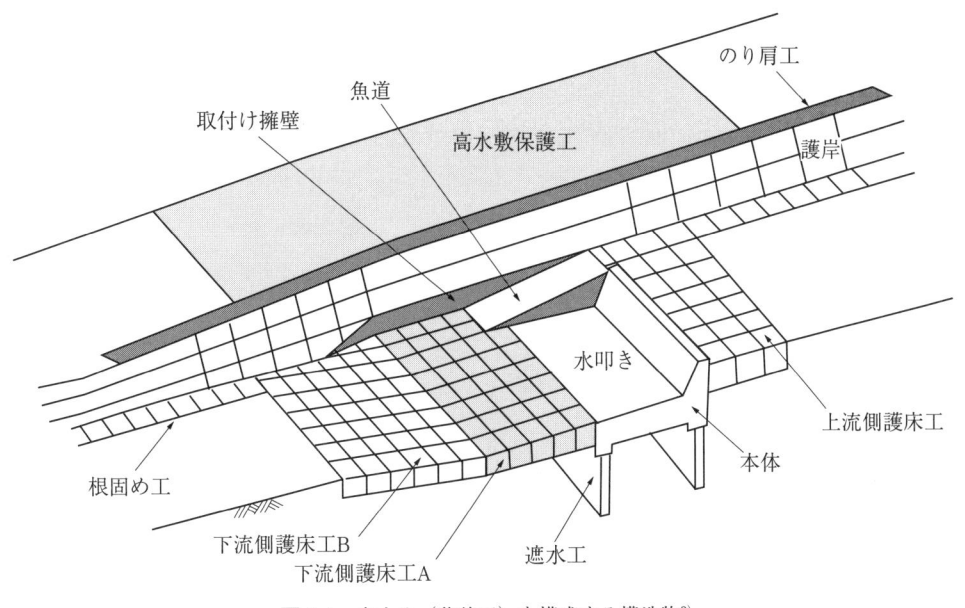

図2.1 床止め（落差工）を構成する構造物[3]

表2.1 床止め（落差工）を構成する構造物とその目的・機能[3]

| | 目的・機能 |
|---|---|
| 本 体 工 | 本体は，上下流の落差をもつ部分である． |
| 水 叩 き | 水叩きは，越流する流水による洗掘を防ぐ． |
| 護 床 工 | 上流護床工<br>　落差工本体の直上流で生じる局所洗掘を防止する．<br>下流護床工：対象とする水理現象によりA, Bに区別する．<br>　護床工A：越流落下後の流水が流下するときに発生する射流状態から跳水に至るまでの激しい流れによる洗掘を防止する．<br>　護床工B：跳水後に流水による洗掘を防止し，整流する． |
| 基 礎 工 | 基礎工は，不同沈下による変形などを防止する． |
| 遮 水 工 | 遮水工は，上下流の水位差で生じる揚圧力を低減し，パイピングを防止する． |
| 高水敷保護工・のり肩工 | 高水敷保護工・のり肩工は，高水敷から低水路へ落ち込む流れと乗り上げる流れによる洗掘を防止し，堤防を保護する． |
| 護 岸 | 落差工の周辺では，洪水時に著しく流れが乱れるため，河岸や堤防を確実に保護する必要があり，そのために護岸を設ける． |
| 取付け擁壁 | 越流落下水および転石による河岸侵食が著しい護岸の設置範囲のなかでも特に，落差工直下流部を保護する． |

基礎工，遮水工，高水敷保護工・のり肩工，護岸，取付け擁壁から構成される．堰も同様に本体の形状が堰の機能により異なるものの，同様な構造物から構成される．本体は構造物による目的を果たすため，水叩きは越流やゲートの一部開放による水流のための洗掘を防ぐため，護床工は構造物上下流で生じる局所洗掘の防止や，水叩きで生じる比較的高速な流れを減勢するために設置される．また，遮水工は構造物上下流の水位差により生じる河床材料中の浸透圧勾配を小さくして本体および水叩き下部が空洞化するパイピングを防止したり，揚圧力を減じるために設けられる．

床止めは，河床低下を防止して河床を安定させ，河川の縦断および横断形状を維持するために設置される横断構造物である．分水路，捷水路などで流路が短縮されて河床勾配が急になった場合，河床低下傾向の本川に支川が合流する場合や急流河川の改修工事で河床を安定させるために設けられる．床止めは床固めともいう．落差のあるものを落差工といい，落差のないものを帯工という．床止めはコンクリートや練石張りを使用した固定性のもの，図2.2のような異形コンクリートブロック等を利用した屈とう性を有する床止めに区分される．

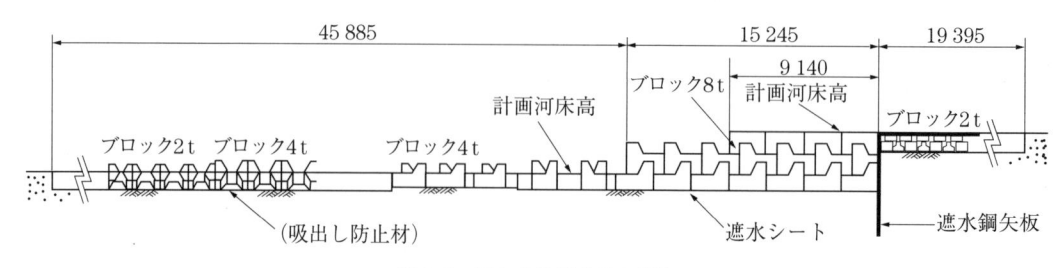

図2.2 屈とう性床止めの例[4]

## 2.1.2 堰

堰は，本川，派川への高水，低水の分派，灌漑，上水道，工業用水，水力発電などの用水の取り入れ，舟運のための水深維持，塩害防止，高潮防御の目的で河道を横断して設けるダム以外の構造物である．目的により取水堰，分水堰，潮止堰，構造と機能により可動堰と固定堰，平面形状により直堰，斜堰，円弧堰に分類される．また，河道の設置位置により河口堰，取水堰を頭首工と呼ぶこともある．可動堰には水位調節構造により，引上げ式ゲートと鋼製の起伏ゲート，ゴム引布製の起伏ゲートなどがある．図2.3のように，例えば引上げ式ゲートを有する可動堰は，上流護床工，

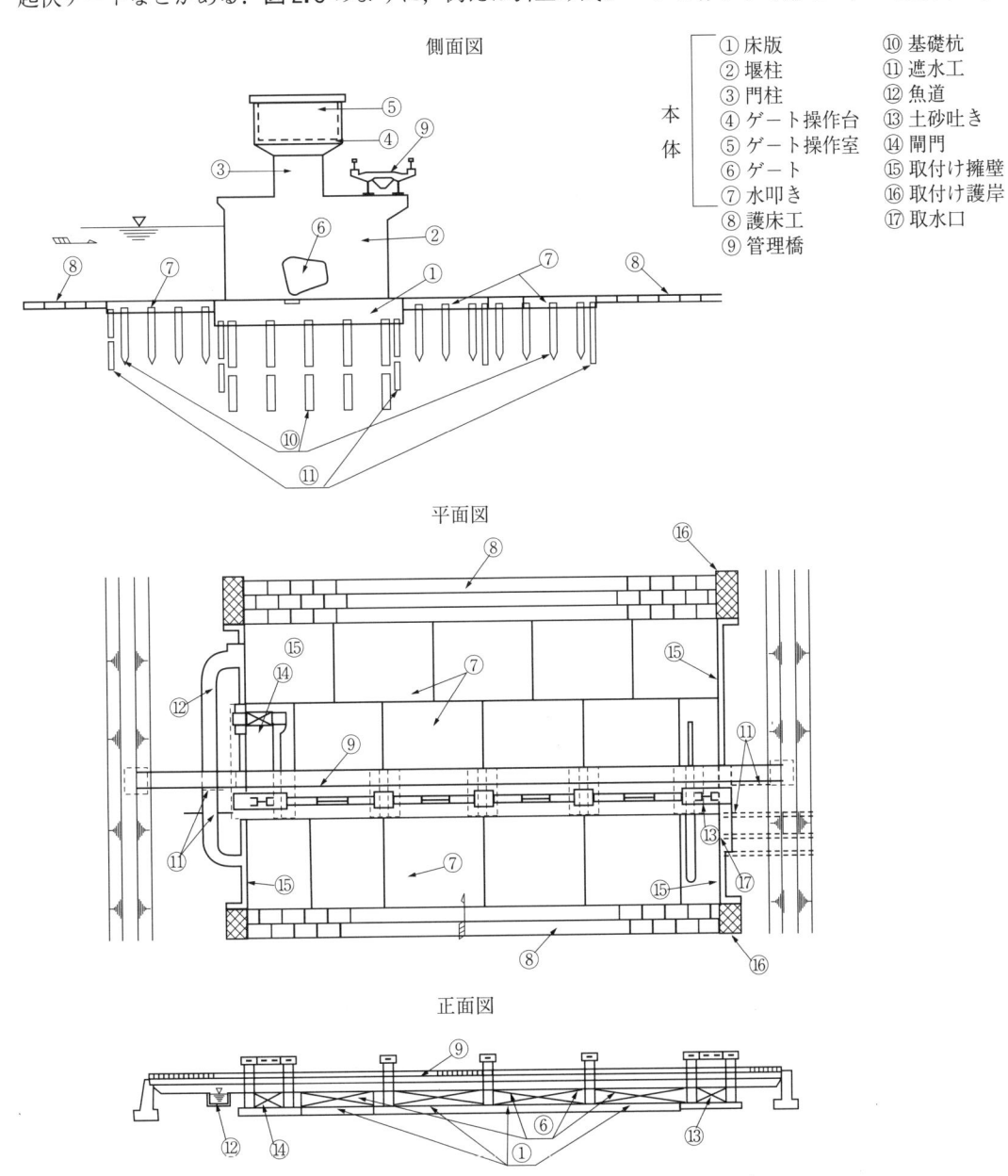

本体
① 床版
② 堰柱
③ 門柱
④ ゲート操作台
⑤ ゲート操作室
⑥ ゲート
⑦ 水叩き
⑧ 護床工
⑨ 管理橋
⑩ 基礎杭
⑪ 遮水工
⑫ 魚道
⑬ 土砂吐き
⑭ 閘門
⑮ 取付け擁壁
⑯ 取付け護岸
⑰ 取水口

図2.3 引上げ式ゲートを有する可動堰の各部の名称[4]

上流水叩き部，本体となる可動部および床板，下流水叩き部，下流護床工などからなる．潮止堰は上下流に水叩き部が設置され，潮位変動にともなう順流と逆流の影響を考慮している．

## 2.2 損傷・劣化の実態

床止め・堰の設置は，上流の水位を堰上げて水面勾配を緩くする．直上流の水面勾配，掃流力および流砂量が大きくなる箇所を除いて，床止め・堰の設置は上流の河道の流砂量を小さくし河床高を上昇させる．また，構造物下流の河床は上流の流砂量の減少に応じて低下することが多い．床止め・堰の施工後は，上下流の河床高の差が徐々に大きくなるため，洪水時に構造物に作用する外力は設計時に想定していた値より経年的に大きくなると考えられる．

既存の床止め・堰の被災原因は，設計基準そのものの課題，現在の設計基準への不適合だけでなく，経年的な外力変化により設計基準から適合しなくなる場合も挙げられる．設計基準を満たさないおよび満たさなくなった床止め・堰を，補強・補修を含めた維持管理により設計基準へ適合させることが可能な場合，維持管理は河道および施設の改修と比して費用対効果の高い河道整備施策となることもある．本節では，床止め・堰の維持管理を行ううえでの着眼点を明らかにするために，近年の国土交通省直轄区間における床止め・堰の被災事例における被災メカニズムの推定，既存の県管理区間での被災事例をもとにした床止め・堰が損傷・劣化を経て被災に至るまでのフローチャートおよび分類と被災原因についての統計結果[5]を記している．

写真2.1は，1997年7月の梅雨前線性の降雨による洪水で堰本体が流失した事例である．当時の洪水ピーク流量 727 m$^3$/s は計画高水流量 1 050 m$^3$/s と比べて小さいものの，洪水中の最高水位 33.005 m（標高）は計画高水位 31.917 m（標高）より大きかった．現在の設計法[1)～3)]では本体工に作用する洪水流の圧力分布を水位による静水圧分布で近似して本体の洪水外力を算出している．しかし，堰および床止め工本体上流では，上昇流が生じるため上流面の圧力は設計に用いる静水圧

**写真2.1** 堰本体の流失 (1997.7)

と比較して大きくなる．本体工の天端付近での圧力が大きくなると，本体上流面下部を支点とするモーメントが大きくなり，特に本体上流面下部付近のコンクリート内部に大きな引張力が作用する．堰の本体工が水叩き上流部から折れるような形で被災した原因は，現在の設計法における本体上流面の圧力算出過程の課題に起因するとも考えられる．

　床止め・堰の本体工およびその一部が洪水中に流失した場合，構造物上流の河道の水面勾配，掃流力，流砂量が流失前より大きくなり，構造物上下流の河床変動状況が一変することがある．**写真2.2**は，1993年7月の梅雨前線性の降雨による洪水により，A川の堰（河口から107 km地点）左岸可動部が流失し，上流の橋梁が沈下した事例である．洪水時の最高水位は標高224.26 mであり，計画高水位の標高226.6 mを下回っていた．堰可動部は湾曲部外岸に位置し洪水流が集中するのに加え，洪水前には橋梁の上流で合流していたB支川が堰上流に付け替えられたため，堰可動部に作用する洪水外力が想定以上となったことが主な原因と推測される．ただし，この橋梁が沈下した直接的要因は河床低下以外に考えられないため，この橋梁の基礎沈下は，堰左岸可動部の流失が上下流の流れおよび流砂運動を変化させたことが原因と考えられる．

　床止め・堰を迂回する流れが生じ，護岸の流失や高水敷および堤防の侵食を引き起こす場合がある．構造物袖部上流は高水敷および堤防の法面に乗り上げる流れ，袖部下流は落ち込む流れとなり，三次元性の強い流れとなる．**写真2.3**は，1998年8月の台風による出水のため堰（河口から55.2 km，本川合流点上流）右岸の護岸が流失し，迂回流が発生して河岸が侵食された例である．また，堰は合流点上流に位置するため，本川の河床変動および水面形の影響を受けていたことも考えられる．

　その他，過去には，多摩川二ヶ領宿河原堰による洪水阻害が原因となって堰周辺の河岸・堤防だけでなく堤内地が侵食した多摩川狛江水害の例がある（**写真2.4**）[2]．この狛江水害では，二ヶ領宿河原堰の過去の被災状況や他の同種の構造物における被災事例から見て，災害の発生が具体的かつ明確に予測され，被災の発生回避が時間的，財政的見地から可能であったとされ，管理瑕疵の責任を問われた．床止め・堰の被災は力学的に十分に解明されているわけではないので，既存の被災事例の周知を計り，日々の維持管理による弱点箇所の早期発見および補修・補強がきわめて重要である．

　本体工の流失という直接的な被災だけでなく，本体および水叩き下部の河床材料が抜け出して空洞化することによる損傷形態もある．床止め・堰の上下流では大きな水位差がつくことに伴い本体および水叩き下部では浸透圧力勾配，浸透流速が大きくなり，本体および水叩き下部の河床材料が水叩き下流から抜け出すことがある．この現象はパイピングといわれる．

　**写真2.5**は，1998年10月の台風出水時に，合流点下流に位置する堰における左岸可動部の右岸側で洪水により河床材料が抜け出した事例である．洪水中には堰下流で跳水が起こっており，洪水後には護床工，水叩きがなく，河道中央付近には洗掘孔ができていた．また，洪水後には本体および水叩き下部は河床材料が抜け出して上下流に空洞が貫通しており，洪水後には堰としての機能が低下していた．

28　　2章　床止め・堰（本体）

写真2.2　支川合流点の付替による堰の流失と上流橋梁の沈下（1993.7）

写真 2.3 堰の迂回流による河岸の侵食（1998.8）

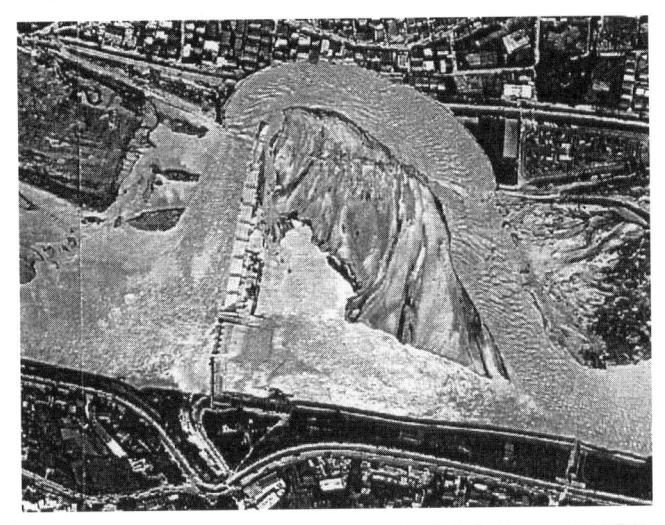

写真 2.4 堰の迂回流による堤内地の侵食（東京都狛江市多摩川二ヶ領宿河原堰，1974.9）[2]

　写真 2.6 は河口から 16.7 km の床止め工において，2001 年 8 月の台風出水により護床工ブロック群の下流が沈下し，ブロック下部が河床材料の抜け出しに伴い空洞化した事例である．護床工下流端付近では 3 段に重ねられた護床工ブロックのうち下から 1，2 段目は河床材料の抜け出しにより沈下していた．また，上流護床工と水叩き直下流の護床工ブロックが沈下しており，床止め工水叩き部下部の空洞化が推測される．床止め・堰下部の空洞化は構造物の落差および浸透圧力勾配が大きい本体や水叩き下部で起こるだけでなく，水叩き下流護床工の下部やブロックのかみ合わせの強い護床工下部でも起こる．

　現在の設計法では，床止め・堰の設置範囲内で跳水を発生させて洪水流のエネルギーを減勢するように設計することと示されている．しかし，設置年の古い河川横断構造物や，設置後河床が変動して設計時の条件を逸脱するような場合には，比較的高速な射流が護床工の下流で発生することがある．構造物上下流の水位差が大きくなることに伴って，浸透圧勾配が設計時に想定したより大きくなる場合も考えられる．

　図 2.4 と表 2.2 は，1982 年 8 月の台風 10 号と 1983 年 8 月の豪雨による近畿 2 府 4 県（大阪，

**写真 2.5** 床止め工本体下部の空洞化（1998.10）

**写真 2.6** 床止め下流護床工ブロック群の沈下と下部空洞化（2001.9）[5]

京都，兵庫，和歌山，奈良，滋賀）と福井県の各土木部が管轄する中小河川で起こった合計99件の被災事例について被災状況の写真，洪水流，河道および床止め・堰の諸元などにより調査・分析された結果である[6]．

事例の分析に当たり考慮した被災形態は，縦断的な流れの変化に起因する下流河床洗掘，土砂の吸出し，パイピング，直接衝撃，その他として取付け護岸を直接的な原因とする5通りだった．

ここで，下流河床洗掘とは，構造物の設置による水位および河床の上下流落差，上流河道の流砂量減少など構造物直下流の局所洗掘および河道全体的な河床低下変動によるものであり，土砂の吸

## 2.2 損傷・劣化の実態

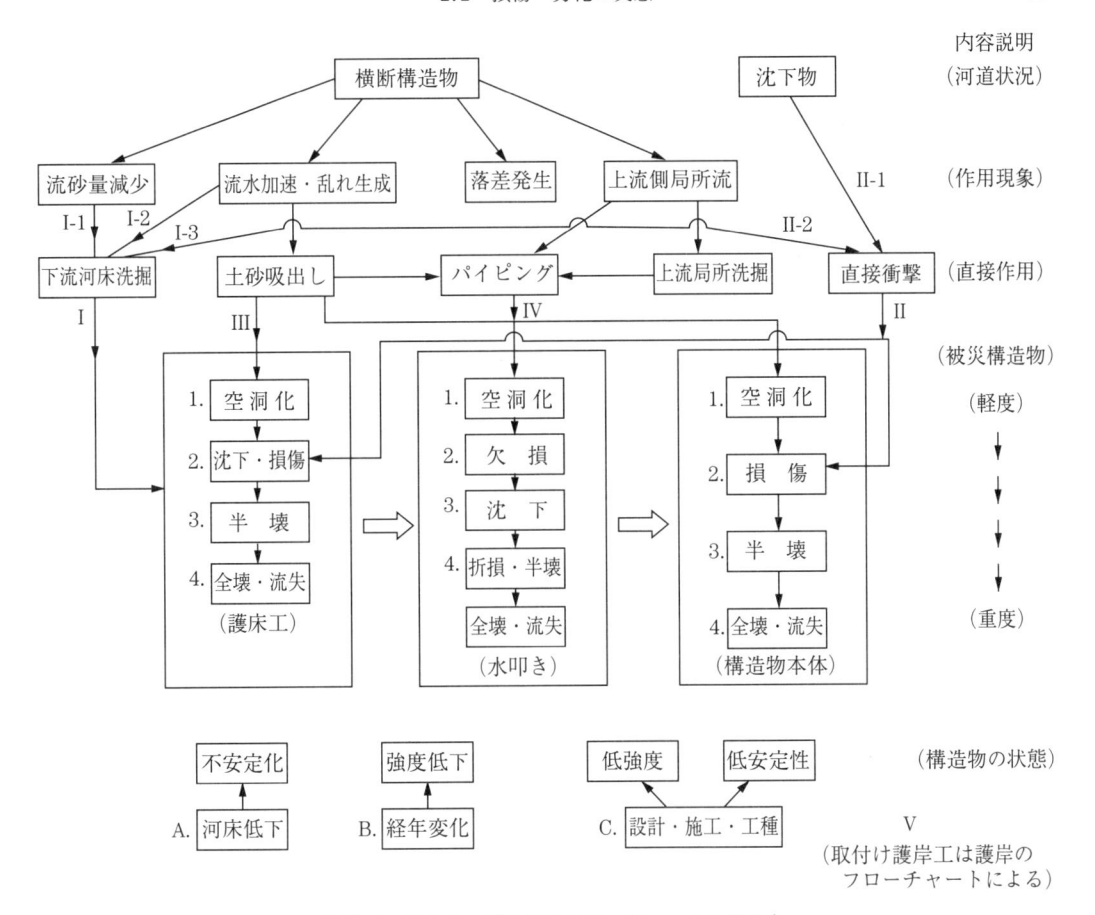

図2.4 床止め・堰の被災フローチャートと分類[5]

表2.2 床止め・堰の被災件数内訳[5]

| パターン分類 | 破壊要因 | 件数 | 護岸の被災 | 護床工の被災 | 水叩きの被災 | 本体の被災 |
|---|---|---|---|---|---|---|
| I | 洗掘 | 39 | 24 | 24 | 23 | 18 |
| II | 衝撃 | 25 | 13 | 8 | 18 | 16 |
| IとII | 洗掘と衝撃 | 5 | 2 | 3 | 1 | 3 |
| IとIII | 土砂の吸出し | 1 | 1 | 1 | 1 | 1 |
| IIとIII | 土砂の吸出し | 2 | 0 | 1 | 2 | 0 |
| III | 土砂の吸出し | 9 | 2 | 2 | 7 | 4 |
| IとIV | パイピング | 1 | 1 | 0 | 1 | 1 |
| IV | パイピング | 8 | 5 | 2 | 3 | 6 |
| V | 護岸 | 7 | 7 | 2 | 1 | 3 |
| その他 |  | 2 | 0 | 0 | 1 | 1 |
| 計 |  | 99 | 55 | 43 | 58 | 53 |

出しとは，護床工の間隙を洪水流が流下することなどによる護床工下部河床の沈下をいう．また，パイピングとは，本体および水叩き下部河床材料中の浸透水による流速およびピエゾ水頭勾配が引き起こす河床材料の移動に伴う本体および水叩き下部の空洞化のことをいい，直接衝撃とは，構造物に作用する洪水流の外力だけでなく，転石などの流下物による作用外力を示していた．この被災

形態の分類はもちろんのこと，フローチャートそのものの識別もさほど明確なものではなく，複合的な被災形態もあり，かなり主観が入っていたことは否めない．

被災事例を構造物下流の下流洗掘，流水による直接衝撃，護床工敷設区間の土砂の吸出し，本体および水叩き下部のパイピング，取付け護岸の被災が主要因として考えられるものをそれぞれパターンⅠ～Ⅴに分類して統計的に整理すると，下流の洗掘による被災と洪水流および流下物の衝撃による被災が多く，本体の被災に至った事例においては下流洗掘と直接衝撃によるものがほぼ同数であった．また，被災の事例数だけでみると護岸・護床工・水叩き・本体の被災事例数は水叩きがもっとも多いが，大きな差は認められなかった．また，この事例に挙げられている床止め・堰には，水叩き下部に護床工が設置されていなかった場合もあった．

上述した国土交通省管理区間の床止め・堰の被災事例と県管理区間の被災事例とは，構造物を構成する部位の構造および構造物周辺の洪水の流れ・河床変動傾向の特徴に共通点が多く，被災形態・維持管理指針には多くの類似点があると考えられる．本体工の経年的な劣化を補修・補強すること，構造物上下流の経年的な河床変動による水理条件および洪水外力の変化を低減させる，あるいは構造物の耐力を増強する手法が床止め・堰の維持管理において重要である．

## 2.3 点検・維持管理

床止め・堰は古くから建設され，維持補修を重ねている場合もあるため，既存の構造に関する資料調査を行い，現在の設計基準と照査して弱点箇所を明らかにしておくことも重要である．例えば，水叩きは古くからあったブロックによる屈とう性構造のものをコンクリートで固定化している場合もある．現在の設計法および床止め・堰の被災および損傷・劣化形態を考慮し，巡視および点検時

表2.3 床止め・堰の構成構造物の損傷・劣化形態別点検項目

| 構成構造物 | 損傷・劣化 | 巡視・点検 | 出水前点検時 | 年点検 |
|---|---|---|---|---|
| 護床工 | ・河床材料の吸い出しによる低下<br>・流失 | ・低下の程度<br>・流失の有無<br>・構成木材の腐食の程度 | ・護床工の変状<br>・下部空洞発生状況<br>・洗掘状況 | |
| 本体および水叩き | 下流からの洗掘を受けて吸い出し | 変状・破損の有無 | | |
| 水叩き | 表面の侵食や摩耗 | 侵食，摩耗の程度 | | |
| 本体 | 本体工の流失 | | | ・コンクリートのひび割れ・劣化の状況把握<br>・ひび割れ・劣化の進行状況の把握 |
| 護岸，取付け擁壁および高水敷保護工 | ・水中部の洗掘<br>・屈とう性のない練積（張）護岸背面の土砂の吸い出しなどによる空洞化 | | ・空洞の把握（テストハンマー等による表面打診）<br>・護岸基礎等の水中部洗掘状況等の把握 | |
| 魚道 | 魚の遡上阻害 | 魚道を閉塞している流木および堆積土砂状況 | | |

## 2.3 点検・維持管理

### 表2.4 点検・整備要領表の例（堰，起伏ゲート，扉体）[6]

| 点検・整備要領表 | | |
|---|---|---|
| *1 重要機器…○ | S：聴診・聴覚，D：動作確認，W：分解 | *6 臨時点検 全て行う…○ 地震時のみ…（地） 落雷時のみ…（雷） 洪水時のみ…（洪） |
| *2 機能上著しく影響あり…a / 機能上影響あり…b / 機能上影響なし…c | *4 トレンド管理する必要がある…○ | |
| *3 点検 E：目視，M：測定，H：触診・指触 | *5 点検条件…前，中，後，休，断，有水，無水 | *7 整備 A：調整，X：交換，U：補給 |

| 施設名 | 洪水吐 | ゲート形式 | 起伏ゲート | 扉体 |
|---|---|---|---|---|
| 設備に要求される機能 | 常時はほぼ全閉で水位維持をしているが，洪水時は全開し洪水を確実に流下させなければならない． | | | |

| 装置区分 | *1 重要機器 | *2 機能に対する影響度合 | 項目 | 内容 | *4 トレンド管理 | *5 点検条件 | 月点検 | 年点検 | *6 臨時点検 | 総合点検 | 判定方法 | 処置（保全整備） | *7 整備内容 | 実施間隔（年） | 備考 |
|---|---|---|---|---|---|---|---|---|---|---|---|---|---|---|---|
| 全般 | | c | 清掃状態 | 汚れ | | 前 | E | E | | E | ひどい汚れ，油等の付着がないこと． | 清掃 | | | 第4章解説1 |
| | | a | | ごみ，流木，土砂等 | | 前 | E | E | (洪) | E | ごみ，流木，土砂等がないこと． | 清掃 | | | 第4章解説1 |
| | | b | 塗装 | 損傷 | | 前 | E | E | | E | 損傷がないこと． | 補修 | | | |
| | | b | | 劣化 | | 前 | | E | | E | 発錆，ふくれ，亀裂，はく離，変退色，白亜化がないこと． | 補修 | | | 第4章解説2 |
| 扉体 | | b | 構造全体 | 振動 | | 中 | H | H | | H | 異常振動がないこと． | 原因調査 | | | |
| | | b | | 異常音 | | 中 | S | S | | S | 異常音がないこと． | 原因調査 | | | |
| | | b | | 片吊り | | 後 | | E | | E | 異常な傾き（片吊り）がないこと． | 調整 | | | |
| | | b | スキンプレート | 変形 | | 前 | | E | | E | 変形がないこと． | 補修 | | | |
| | | b | | 損傷 | | 前 | E | E | | E | 損傷がないこと． | 補修 | | | |
| | | | | 板厚の減少 | | 前 | | | | M | 測定結果により判定のこと． | 補修 | | | |
| | | b | スキンプレート | 腐食（孔食） | | 前 | | E | | E | 腐食（孔食）がないこと． | 補修 | | | |
| | | b | | 溶接部の割れ | | 前 | | E | | E | 割れがないこと． | 補修 | | | |
| | | a | 主桁，補助桁 | 変形 | | 前 | | E | | E | 変形がないこと． | 補修 | | | 第4章解説5 |
| | | a | | 損傷 | | 前 | | E | | E | 損傷がないこと． | 補修 | | | 第4章解説5 |
| | ○ | a | | 板厚減少 | | 前 | | | | M | 測定結果により判定のこと． | 補修 | | | 第4章解説5 |
| | | a | | 腐食（孔食） | | 前 | | E | | E | 腐食（孔食）がないこと． | 補修 | | | 第4章解説5 |
| | | a | | 溶接部の割れ | | 前 | | E | | E | 割れがないこと． | 補修 | | | 第4章解説5 |
| | | a | シリンダ接続部，軸 | 摩耗 | | 前 | | | | M | 摩耗がないこと． | 補修，交換 | | | |
| | ○ | b | | 損傷 | | 前 | E | E | (地) | E | 損傷がないこと． | 補修，交換 | | | |
| | | b | | 腐食（孔食） | | 前 | | E | | E | 腐食（孔食）がないこと． | 補修 | | | |
| 扉体 | ○ | a | シリンダ接続部，軸 | 給油状態 | | 前 | E | E | | E | 油が供給されていること．油の劣化がないこと． | 給油 | | | |
| | | a | | 回転状況 | | 中 | D | D | | D | 正常に回転すること． | 補修，交換 | | | |
| | | c | スポイラ | 変形 | | 前 | | E | | E | 変形がないこと． | 補修 | | | |
| | | c | | 損傷 | | 前 | | E | | E | 損傷がないこと． | 補修 | | | |
| | ○ | a | ボルト，ナット | ゆるみ，脱落 | | 前 | | E,H | (地) | E,H | ゆるみ，脱落がないこと． | 増締，補修 | | | 第4章解説4 |
| | | b | | 損傷 | | 前 | E | E | (地) | E | 損傷がないこと． | 交換 | | | 第4章解説4 |
| | | b | | 腐食（孔食） | | 前 | | E | | E | 腐食（孔食）がないこと． | 交換 | | | 第4章解説4 |
| 支承部 | | a | ヒンジ部ボス，軸 | 摩耗 | | 前 | | | | M | 摩耗がないこと． | 補修，交換 | | | |
| | ○ | | | 損傷 | | 前 | | E | (地) | E | 損傷がないこと． | 補修，交換 | | | |
| | | b | | 腐食（孔食） | | 前 | | E | | E | 腐食（孔食）がないこと． | 補修 | | | |

に必要と考えられる事項を以下に示す．床止め・堰の機能低下をもたらす本体および水叩き下部の空洞化，堤防・堤内地への直接被害にかかわる取付け護岸の空洞化は打診音調査による点検が求められる（表2.3）．

堰に設置される水門扉，放流管及びこれらに関連する付属施設及び電気・制御設備の維持管理に関しては，ゲート点検・整備要領（案）[6]を参照されたい．この要領（案）は，付属施設を常に良好な状態に維持し，十分な機能及び信頼性を確保することを目的としており，例えば，起伏堰のゲート扉体に関しては**表2.4**のような点検整備要領表等が示されている．

### 2.3.1 巡視および点検

所管区域内の河川について，維持管理の長期目標およびおおむね向こう10か年程度の期間を対象とした実施計画からなる「維持管理計画」を策定し，これに基づき維持管理すること，河川を良好に維持管理するために，河川巡視により定期的に状況把握を行うとともに，出水期前点検，臨時点検，定期点検を行うことが重要である．しかし，床止めや堰は流水中にあり，特に侵食を受けやすい下流の施設は巡視などによって詳細に点検することは困難である．そこで，10年に1回程度は部分的に締め切ってドライ状態にして点検を行う必要がある．

#### （1）本体および水叩き

・下流からの洗掘を受けて吸出しの被害を受けやすいので巡視時に目視により変状，破損の有無について状況把握を行う．

・水叩きは流水と転石による衝撃により表面の侵食や摩耗が生じる箇所であり，鉄筋が露出することもあるので，巡視や点検によって侵食，摩耗の程度を把握する．

・本体は原則としてコンクリート構造であるので，コンクリート構造部分のひび割れや劣化にも注意する必要があり，年に1回は点検により状況把握を行う．その際，ひび割れ，劣化などが新たに発生していないかどうかに着目するとともに，すでに発見されている箇所については，必要に応じて，計測によりその進行状況を把握する．

#### （2）護床工

・コンクリートブロックや捨石によって構成されている場合，護床工は洪水時に河床材料の吸出しによって低下したり，ブロックや捨石が流失したりすることがあるので，低下の程度や流失の有無について巡視・点検時に確認する必要がある．特に，水叩きに接続する部分は，その被害が水叩きや本体に及び，大きくなることが多いので注意して巡視・点検を行う必要がある．

・護床工が粗朶沈床や木工沈床等の場合は，常時水中なら耐久性は比較的良いが，その他の場合は腐食が問題となるので巡視や点検により腐食の程度を把握しておく必要がある．

・出水期前点検時には護床工の変状等についても留意しつつ，護床工下部の空洞発生状況および洗掘状況の把握を行うことが重要である．また，床止めや堰の下流部において河床低下や洗掘箇所が発生すると，洪水時の上下流の水位差が設計時に想定していたものより大きくなり，流速や衝撃も大きくなり，大きな災害を招くおそれがあるので，特に注意する必要がある．

## （3） 護岸，取付け擁壁および高水敷保護工

・出水期前点検時に水中部の洗掘，屈とう性のない練積（張）背面の土砂の吸出し等による空洞等の把握および護岸基礎等の水中部における洗掘等の状況の把握を行うことが重要である．取付け擁壁部は，跳水が発生し，流水の乱れが激しい区間であるので，特に注意して維持管理しなければならない．

## （4） 魚　道

・魚道は，魚の遡上等を目的としているので一般に突起物などを付けた複雑な構造のものが多い．このため，土砂がたまったり，流木や木片等で閉塞したりするので，堆積した土砂を除去するなどの適切な管理が必要である．

### 2.3.2　打診音空洞化点検

床止め・堰の水叩き下部の空洞化は，本体の機能低下や本体の流失を引き起こす場合がある．また，取付け護岸裏の空洞化は，護岸および堤防の被災を招き，堤内地の侵食を招くことがある．水叩き下部および取付け護岸裏の空洞化をテストハンマーによる打診音で点検することは非常に重要である．図2.5に，打診音による護岸裏の空洞化探査手法の原理とその精度について示す．

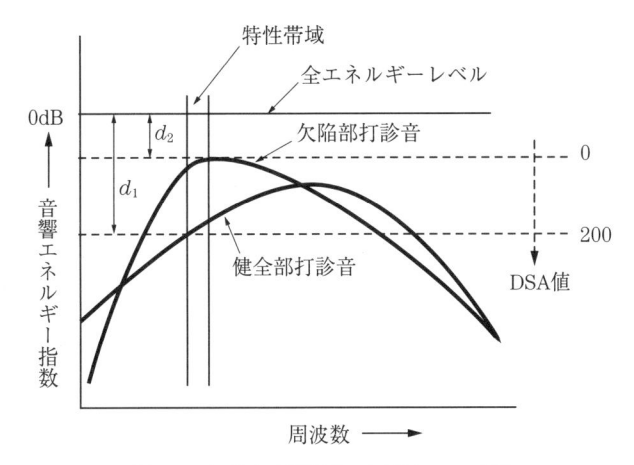

**図2.5　打診音空洞探査の原理とDSA値[7]**

テストハンマーの打診音による空洞化の調査は，道路・鉄道トンネル，導水路トンネル，樋門・樋管，共同溝などでも用いられている一般的な空洞調査手法である．物体を打撃することにより発生する物体特有の音響特性が物体の裏側が完全に充填されている場合と空洞がある場合では異なる．全音響エネルギー中に占める特定周波数帯エネルギーの割合に差が出るためである．テストハンマーによる打診音の質により目視では見ることのできない物体裏側の空洞化を判別することができる．調査員が打診音の音響特性を聞き分けるには熟練を要するが，現在はテストハンマーによる打診音をマイクロフォンで集音し，瞬時に結果を解析して音響エネルギーの比を数値で表示する機器（DSA：ダイヤサウンドアナライザ）があり，点検時に定量的な空洞の有無の判別が可能となりつ

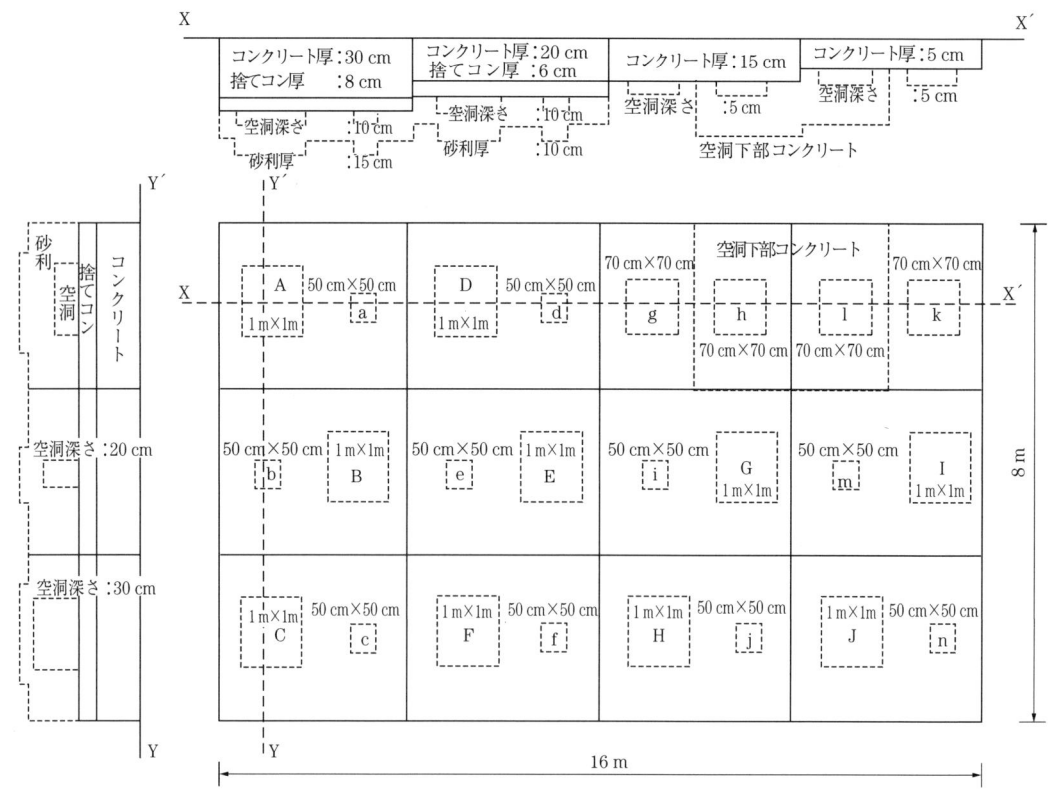

図2.6 コンクリート版下部空洞探査試験地[7]

つある．

護岸下部の空洞探査手法として過去に打診音，電磁波，熱赤外線による探査手法が比較検討された[7]．図2.6のように調査試験地は，道路吹付けのり面に対応する一般的な2種類のコンクリート厚（5，15 cm），東京都荒川右岸堤の護岸に対応する2種類のコンクリート厚（26，38 cm），さまざまな大きさの空洞から構成されていた．製作上の問題と熱特性の問題（熱赤外線探査のため）を回避するため，空洞は発泡スチロールで作られていた．打診音による探査に用いられたハンマーは3種類（小：290 g，中：560 g，大：1 000 g）であり，縦横1 m間隔でDSAによる調査が行われた．打診音の測定に当たり，異常とみられる点（模擬空洞部）の測定値が0として表示されるように設定されていた．

調査の結果，DSA指示値の変化が得られたものは中型ハンマーおよび大型ハンマーで，小型ハンマーではDSA指示値の変化は得られなかった．また，中型ハンマーにおいてもコンクリート厚の大きい1および2区画で指示値の変化が得られなかった．図2.7は大型ハンマーでの打診指示値分布図である．分析に用いられた音響周波数は550 Hzであった．打診指示値は大きく分布し，4区画における測線12上の測点AB付近の空洞（下部がコンクリートである場合）は空洞規模も明確に打診音から判断できる．表2.5によると，その他1，2区画においては打診音指示値が分布するが，空洞の判断は困難であるものの，3，4区画の空洞はおおむね判断が可能であった．この試

## 2.3 点検・維持管理

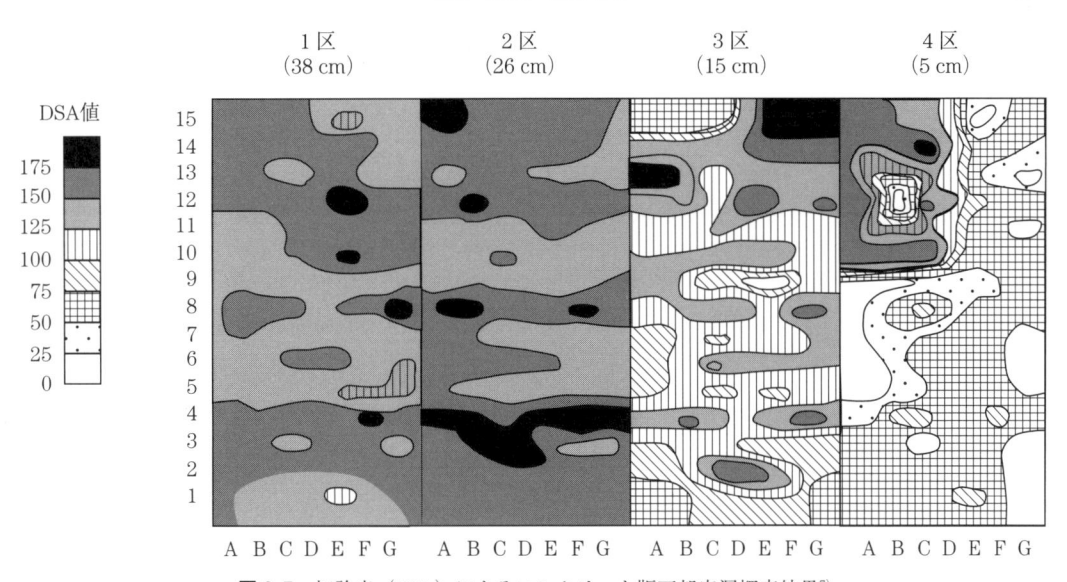

**図 2.7** 打診音（DSA）によるコンクリート版下部空洞探査結果[7]

**表 2.5** 打診音指示値による異常点判断表[7]

| 空洞位置 | コンクリート厚(cm) | 模擬空洞深さ(cm) | 空間下厚(cm) | 大ハンマー 440 | 550 | 700 | 850 | 中ハンマー 400 | 550 | 700 | 850 | 小ハンマー 400 | 550 | 700 | 850 |
|---|---|---|---|---|---|---|---|---|---|---|---|---|---|---|---|
| a | 38 | 10 | 15 | × | △ | × | △ | — | — | — | — | — | — | — | — |
| b |  | 20 |  | × | △ | × | × | — | — | — | — | — | — | — | — |
| c |  | 30 |  | × | △ | △ | × | — | — | — | — | — | — | — | — |
| A |  | 10 |  | △ | △ | × | × | — | — | — | — | — | — | — | — |
| B |  | 20 |  | △ | △ | × | × | — | — | — | — | — | — | — | — |
| C |  | 30 |  | × | △ | × | × | — | — | — | — | — | — | — | — |
| d | 26 | 10 | 10 | × | △ | △ | △ | — | — | — | — | — | — | — | — |
| e |  | 20 |  | × | × | × | × | — | — | — | — | — | — | — | — |
| f |  | 30 |  | × | △ | × | △ | — | — | — | — | — | — | — | — |
| D |  | 10 |  | × | △ | × | × | — | — | — | — | — | — | — | — |
| E |  | 20 |  | × | △ | × | × | — | — | — | — | — | — | — | — |
| F |  | 30 |  | ○ | △ | △ | × | — | — | — | — | — | — | — | — |
| g | 15 | 5 | — | △ | △ | ○ | ○ | ○ | ○ | ○ | ○ | — | — | — | — |
| h |  | 5 | 15 | ○ | △ | ○ | ○ | — | ○ | × | ○ | — | — | — | — |
| i |  | 5 | — | × | × | × | △ | × | × | × | × | — | — | — | — |
| j |  | 10 | — | △ | △ | × | × | × | × | × | △ | — | — | — | — |
| G |  | 5 | — | ○ | ○ | △ | △ | × | × | × | △ | — | — | — | — |
| H |  | 10 | — | ○ | ○ | △ | × | △ | × | × | × | — | — | — | — |
| k | 5 | 5 | — | ○ | ○ | ○ | ○ | ○ | ○ | ○ | ○ | — | — | — | — |
| l |  | 5 | 15 | △ | △ | ○ | ○ | △ | △ | × | × | — | — | — | — |
| m |  | 5 | — | × | × | × | △ | × | × | × | × | — | — | — | — |
| n |  | 10 | — | × | × | × | △ | × | × | × | △ | — | — | — | — |
| I |  | 5 | — | △ | △ | △ | ○ | × | × | × | △ | — | — | — | — |
| J |  | 10 | — | × | △ | ○ | × | × | × | △ | △ | — | — | — | — |

○：異常点と判断した箇所と模擬空洞が同程度に重なる場合
△：異常点と判断した箇所が模擬空洞の近辺にあるが，その判別が困難な場合
×：異常点と判断した箇所が模擬空洞と重ならない場合

験において，空洞の有無を判断できるコンクリートは厚さ15 cmまで，空洞下部材料の表面が硬い（弾性係数が大きい）場合には空洞規模も判断できるとの結論が得られた．

打診音による空洞化探査手法は，護岸や護岸裏の空洞の状況，のり面の材料特性などの条件によりその空洞の有無およびその範囲について十分な情報を得ることができない．しかし，巡視・点検時の打診音に関する情報は，より詳細な護岸裏空洞調査の必要性を判断するための有力な情報となる．

## 2.4 損傷・劣化の調査・診断

床止め・堰の巡視・点検時に構成構造物の機能異常が疑われる場合，詳細な損傷・劣化の状況を診断する必要がある．床止め・堰の機能劣化をもたらす本体および水叩き下部の空洞化，堤防の侵食・破堤につながる取付け護岸裏の空洞化を詳細に探査するには電磁波（地下レーダ）を用いた探査手法がある．護床工ブロックの沈下量の測定はブロックの流失やブロック下の河床材料の抜け出し，本体および水叩き下部のパイピングが発生する危険性を診断する有効な資料となる．ここでは，床止め・堰を構成する各構造物の損傷・劣化の調査・診断方法について述べる．

### 2.4.1 水叩き下部・取付け護岸裏の空洞化探査

取付け護岸の巡視・点検により護岸裏の空洞が疑われた箇所について，空洞の有無およびその大きさを把握する手法として，電磁波（地下レーダ）探査がある．電磁波探査は地中に向けて電磁波を発信し，その反射波を捉えることにより空洞または，地下構造，埋没物等を地表から非破壊的に探索する方法である．原理は，場所により物性（ここでは電磁波の電波特性）が異なれば，その物性境界において電磁波は反射，屈折，散乱することによる．地下レーダは物性境界からの電磁波の反射波を観測し，その観測記録から逆に地下の物性の分布を推定するものである．

図2.8は，床止め・堰の水叩きや取付け護岸などに用いられるコンクリート版下部の空洞化を電磁波により探査した結果であり，荒川左岸6 km総武線上流の荒川と中川との背割堤（中堤と呼ばれている）において電磁波探査が行われたときの調査状況，堤防断面図，測線配置平面図，電磁波調査記録を表している[8]．平面図および断面図には，コア抜き孔にメジャーを差し，コンクリート護岸の隙間にファイバースコープを入れて観測した空洞の状況を示している．コンクリート護岸の継目に当たる測線FおよびK近くではそれぞれ2 cmと8 cmの段差，7 cmずつの隙間が観察された．測線EとFの間には幅10 cm程度，厚さ6〜8 cmの空洞，測線Iとkl，測線5と8に挟まれた範囲では1〜2 cmの空隙がところどころに見られた．

この調査における空洞の判定法は，直接波と反射波の振幅比が一定以上の大きさとなれば空洞と判断するものだった．反射波の振幅は空洞の有無で大きな差があり，空洞が厚い場合には振幅比が大きくなる．空洞の判定レベルは，調査するコンクリート版の厚さ，比誘電率，比抵抗値を条件として，Maxwellの電磁波動方程式により数値解析的に求められた．

空洞化の判定レベルは，比誘電率がコンクリート版の特性範囲において反射波振幅比に与える影

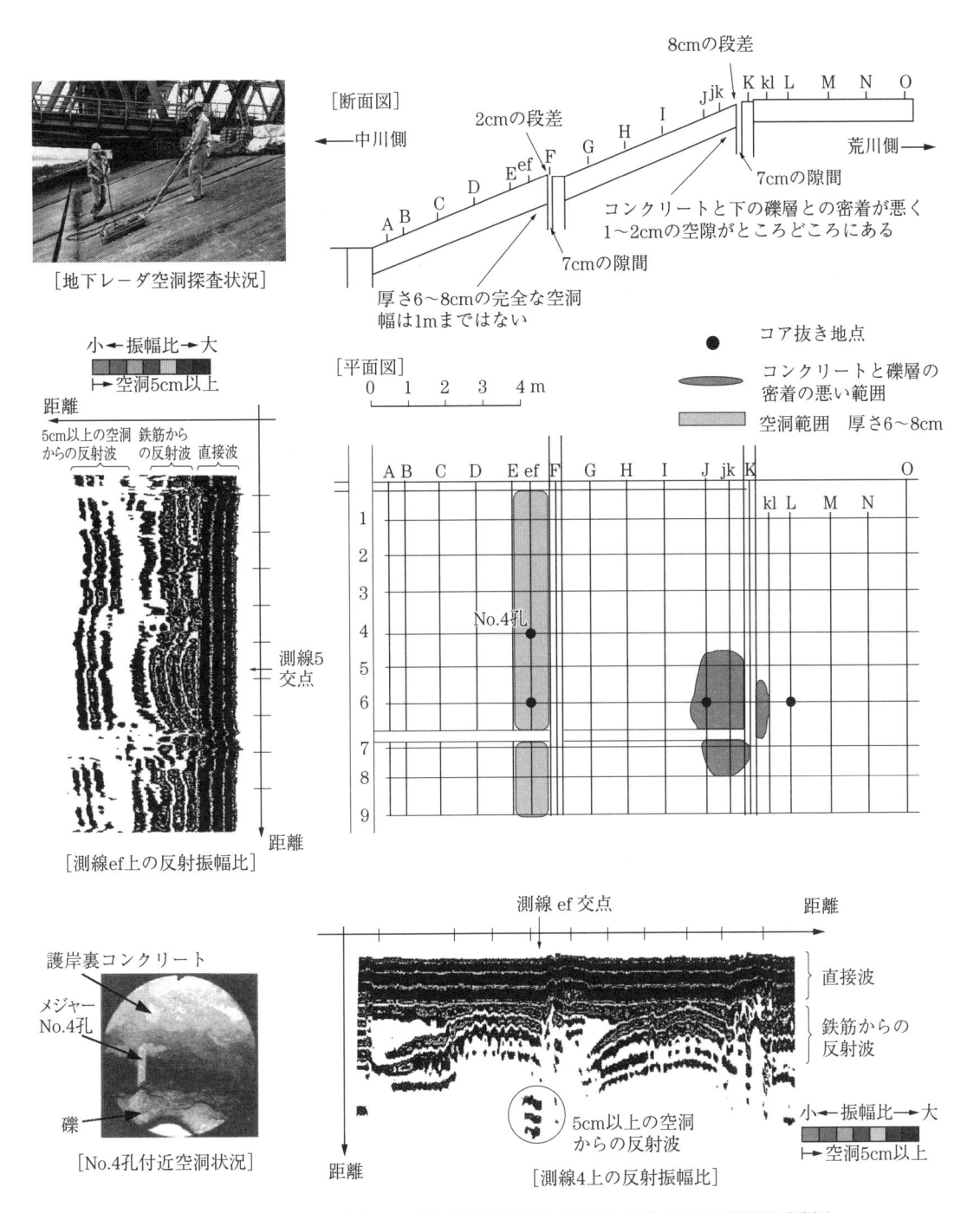

図 2.8 コンクリート護岸裏の電磁波空洞探査結果（荒川左岸総武線上流背割堤護岸）[7]

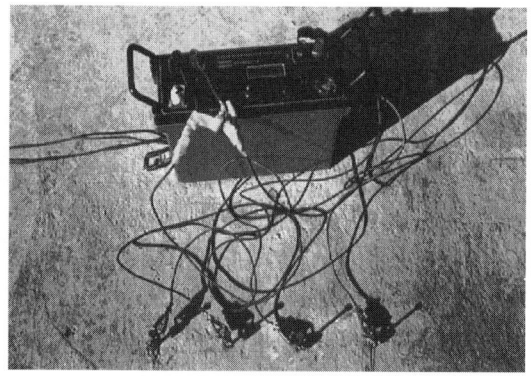

**写真 2.7** コンクリート版コアの非抵抗測定（左）とコンクリート版表面の比抵抗現地簡易測定（右）[7]

響が小さいため，写真 2.7 に示すようにくり抜いたコアや表面の比抵抗値を測定すれば，コンクリート厚を与えて決定することができる．図 2.8 に示す電磁波探査による反射振幅比の結果をみると，ファイバースコープにより 6～8 cm 以上の空洞が観察された箇所において，5 cm 以上と判断される反射波の振幅比が得られていることがわかる．ただし，護岸コンクリート版には 15 cm 間隔の格子状に鉄筋が入っていたため，くり抜いた無筋のコンクリートコアの比抵抗値と鉄筋が入っている護岸の反射波振幅比を定性的に比較して電磁波による損失を加味した判定レベルを決定していた．また，空隙を含む裏込め栗石が施工されている護岸や間知ブロックなど護岸裏のコンクリート形状の凹凸が大きいものでは空洞の判定は困難であることがわかっている[7],[8]．

電磁波による空洞探査手法は，鉄筋による減衰率の見積もりなどいくつか課題があり，他の調査法との併用が望まれるが，水叩き下部や護岸裏の空洞化を調査するための有効な方法の一つである．

堰・床止め本体および水叩き下部の空洞化の調査及び診断は，常に流水が存在する箇所が多く範囲が限定される．空洞化の調査を行うために構造物周辺の締切りを行い，目視および下部河床材料中に突き刺すなどによる空洞化状況の確認作業も必要である．

### 2.4.2 護床工沈下量測量による護床工流失および水叩き下部パイピング発生の診断

護床工は下流の河床低下に応じて沈下するように，護床工下部の河床材料が流失しないように設計される．しかし，設計時に床止め・堰下流の洪水中の河床変動や護床工下部河床材料の流失を定量的に予測することは難しい．そのため，巡視・点検時に護床工の大きな変状が認められた場合，護床工の変化量を測量することにより，堰・床止めの被災に対する危険度，補修・補強の必要性を診断することが必要となる．

写真 2.8 は，1993 年と 2001 年に撮影された堰の航空写真である．この堰は河口から約 10 km に位置し，1973 年に事業が着手され，1982 年に竣工した堰である．1993 年の航空写真からは護床工ブロックの沈下は 5 号および 6 号ゲートの下流で見られるが，2001 年の航空写真では 4～7 号ゲートの下流で沈下が見られ，護床工の沈下している範囲が拡大したことが確認できる．図 2.9 は，2001

2.4 損傷・劣化の調査・診断

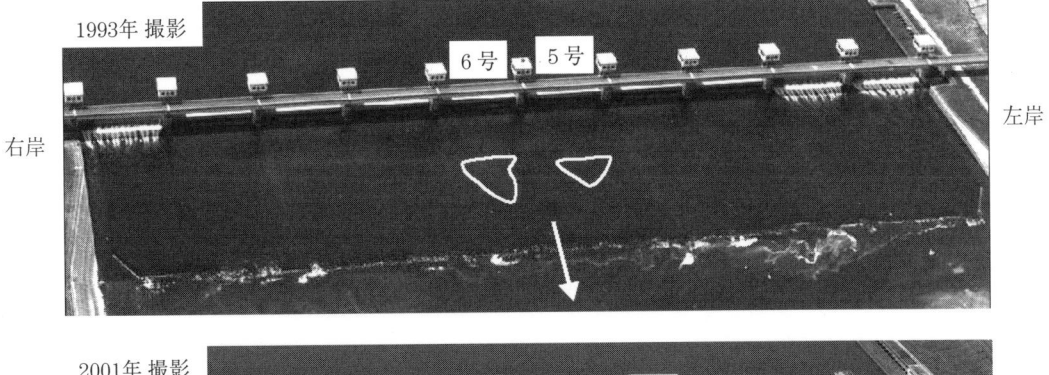

写真2.8 A堰水叩き直下流の護床工沈下状況

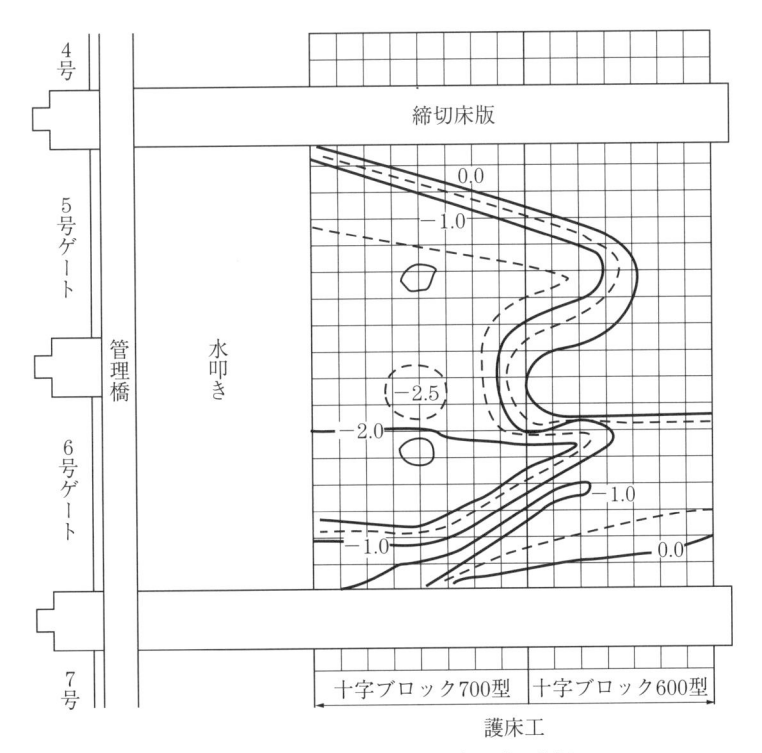

図2.9 A堰水叩直下流の護床工沈下状況

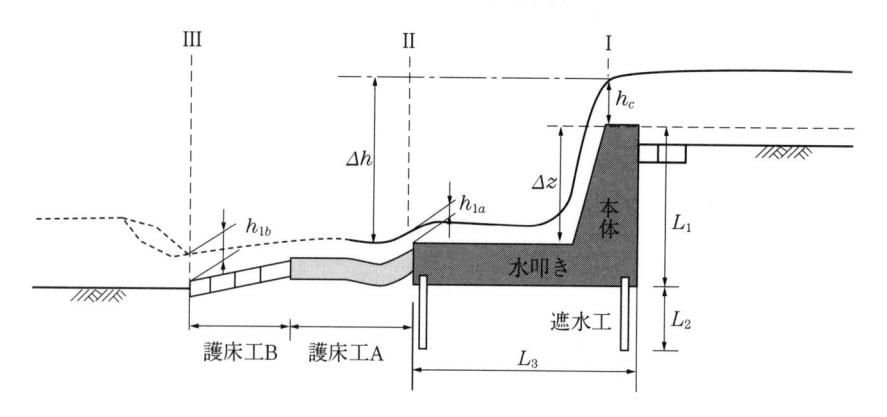

[本体天端限界水深 $h_c$・水叩き下流端水深 $h_{1a}$]

$$h_c = \sqrt[3]{q^2/g} \qquad \cdots(2.4.1)$$

$$\frac{q^2}{2gh_c^2} + \Delta z + h_c = \frac{q^2}{2gh_{1a}^2} + h_{1a} \qquad \cdots(2.4.2)$$

[護床工上の水深 $h_i$]

$$-\frac{z_{bi} - z_{bi-1}}{\Delta x_{i-1/2}} + \frac{h_i - h_{i-1}}{\Delta x_{i-1/2}} + \frac{\alpha \cdot q^2}{2g\Delta x_{i-1/2}}\left(\frac{1}{h_i^2} - \frac{1}{h_{i-1}^2}\right) + \frac{q^2}{2}\left(\frac{n_i^2}{h_i^{10/3}} + \frac{n_{i-1}^2}{h_{i-1}^{10/3}}\right) = 0 \qquad \cdots(2.4.3)$$

図 2.10 護床工沈下時の洪水外力算出のための洪水流水面形計算方法

年の堰下流護床工の沈下状況を測量した結果である．護床工下部の河床材料は水叩き直下流から流失しており，護床工ブロックは最大で竣工時より約 2.5 m 沈下していたことがわかる．

　護床工が設計後に変状した場合，護床工ブロックの流失，護床工下部河床材料の吸出し，本体および水叩き下部の河床材料のパイピングによる抜け出しの危険性が高くなっていると考えられる．護床工の天端高を測量し，単位幅流量 $q$ と Manning の粗度係数 $n$ を与えれば，図 2.10 のようにして洪水時に想定される跳水上流端までの水面形を見積ることができ，表 2.6 のようにして護床工ブロックの流失および本体・水叩き下部のパイピングの可能性を検討することができる．この際，護床工上の水面形の算出には跳水位置および跳水長を考慮せず（跳水は護床工区間で発生する場合もあるが），洪水流を護床工下流端まで射流と仮定して洪水外力を構造物にとっての安全側で考えるとよい．以下の計算は維持管理上の目安を与えると考えられるが，詳細な検討は模型実験などを行うことが望ましい．

　本体，水叩きおよび護床工上の水面形の具体的な計算は，図 2.10 の式 (2.4.1)～式 (2.4.3) により可能である．まず，「床止めの構造設計手引き[3]」の考え方と同様に，ある洪水時の単位幅流量 $q$ に対して式 (2.4.1)，式 (2.4.2) により本体上部の支配断面での限界水深 $h_c$ および水叩き下流端の水深 $h_{1a}$ を計算する．ここで，式 (2.4.2) の $\Delta z$ は本体天端から水叩き下流端の天端までの標高差である．

## 2.4 損傷・劣化の調査・診断

**表 2.6 床止め・堰の損傷・劣化形態別の診断方法**

| 損傷・劣化形態 | 診断方法 | 備考 |
|---|---|---|
| 護床工ブロックの流失 | 護床ブロックの抗力・揚力係数を用いた流体力の算出によりブロックの滑動流失の可能性を判定<br>$\mu(W_W - L) \geq D$ ……(2.4.4)<br>$L = \rho_W/2 \cdot C_L \cdot A_L \cdot (q/h)^2$ ……(2.4.5)<br>$D = \rho_W/2 \cdot C_D \cdot A_D \cdot (q/h)^2$ ……(2.4.6) | 模型実験による簡易な確認が推奨される |
| 本体および水叩き下部のパイピング | 護床工上の洪水流水位の最小値を用いたクリープ比の算出および局所水面勾配の最大値と基準値を対比してパイピング発生の可能性を判定<br>クリープ比 $C \leq \dfrac{L_1 + 4L_2 + L_3}{\Delta h}$ ……(2.4.7) | 護床工が沈下している場合，水叩き直下流ではく離流れが発生して，さらに圧力が低下している可能性もある[10] |

次に，不等流の基礎方程式 (2.4.3) により微小距離 $\Delta x$ 離れた下流の水面形を逐次計算していき上流から護床工上の水面形を求める．ここで，摩擦損失項は Manning の粗度係数 $n$ を用いて表されており，$z_b$ は護床工ブロック天端高，$\alpha$ はエネルギー補正係数であり，各物理量の添え字 $i$ は下流に向かって増加する番号である．

護床工ブロックが沈下した場合の流失および本体および水叩き下部のパイピングに関する危険性は，護床工上の水面形と表 2.6 の式 (2.4.4)～式 (2.4.7) を用いて考察することができる．

護床工の流失の危険性は，護床工の必要重量を滑動流失に対して設計する[3]のと同様に，式 (2.4.4)～式 (2.4.6) により護床工上の水深分布を用いて検討できる．ここで，$\mu$ は護床工ブロックと河床材料との摩擦係数，$W_W$ はブロックの水中重量，$\rho_W$ は水の密度，$D$ と $L$ は護床工ブロックに作用する流体力の斜面に沿う方向成分の抗力と流体力の斜面に垂直な方向成分の揚力である，$C_D$ と $C_L$ は抗力・揚力係数，$A_D$ と $A_L$ は抗力・揚力に関する投影面積である．抗力・揚力係数は「護岸ブロックの水理特性試験法マニュアル」に従い特定の条件下でさまざまなブロックに対して求められており，護床工ブロックに作用する流体力は机上検討により求めることができる．しかし，流体力は護床工ブロック群沈下後のブロック天端高の分布に大きく影響される．模型実験や既存の現地資料による検討を十分に行うことが求められる．

本体および水叩き下部のパイピングの危険性は，式 (2.4.7) により検討することができる．パイピングは河床材料中の浸透圧力と浸透流速による影響が大きな現象である．本体および水叩き下部の河床材料中の浸透圧力は本体上流の水位と水叩き下流面の圧力によるところが大きい．水叩き直下流の護床工が沈下している場合は水位が低下するだけでなく，水叩き下流端の剥離流れによる圧力低下も懸念される[9]．本体および水叩き下部のパイピング発生の判断に用いるクリープ比の算出には，式 (2.4.7) に示すように，水叩き下流端での水位として護床工上の最低水位を用いて判断することが安全側であると考えられる．

## 2.5 補修・補強手法の選定と事例

床止め・堰の補修・補強は，巡視・点検や損傷・劣化の調査・診断の結果に応じて適切に行われることが重要である．また，被災形態別により幾つかの補修・補強方法が考えられる．ここでは，補修・補強手法の選定にあたっての考え方，実際の補修・補強事例について記述する．

### 2.5.1 護床工の沈下・流失対策

図2.11は分水路が通水を開始した1922年から1997年にかけての河床の変動状況を示したものである．分水路は1922年より通水が開始されており，通水当初の河川横断構造物は現在の可動堰から100m下流のA堰のみであった．現在の分水路の可動堰，2基の床固め，4基の床留はA堰が被災した後の補修工事により1927年に完成したものである．1927年から1997年までの分水路の大きな河床の変化として，最下流の床固め下流の局所洗掘が挙げられる．床固め下流の河床の局所洗掘による床固めの被災の危険性を下げるために，1972年に床固めの250m下流に副堰堤，1990年にバッフルピアが設置された（**写真2.9**）．

射流による高速な流れが護床工上で生じることにより護床工が沈下する被災形態に対して床止

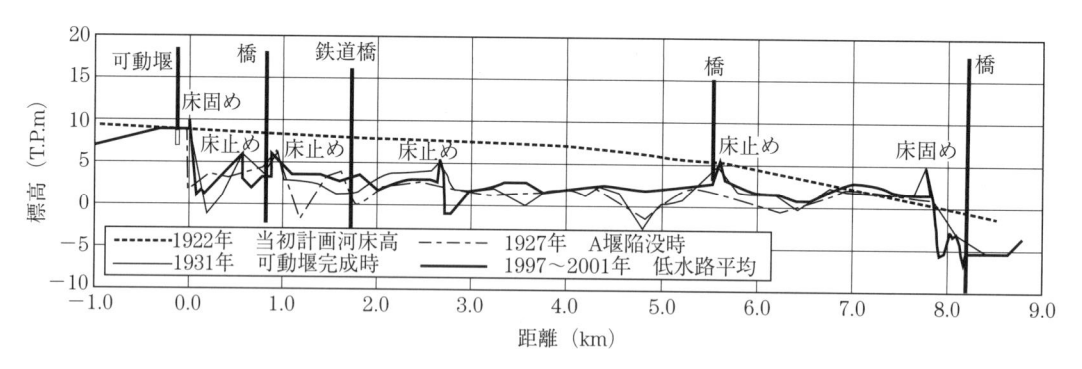

**図2.11 分水路の河床変動状況**

**写真2.9 分水路最下流床固バッフルピア**

め・堰を補修・補強する方法としては，(1) バッフルピアや副堰堤などの補助構造物により跳水を強制的に発生させ，護床工上に射流による高速流を発生させない，(2) 護床工下部の河床材料の移動を抑えるという2つの方法が考えられる．上記(1)の方法は射流による高速な流れによる護床工流失に対しても有効な対策となる．

床止め・堰の本体下流（水叩き下流部など）にバッフルピアや小さいシル等の補助構造物を設けると，構造物前面に動水圧が作用し跳水の領域が小さくなり，補助構造物の上流で跳水を発生させて比較的高速な射流の区間を短くすることが可能である．また，不安定な跳水を安定化させることも期待できる．バッフルピアを効果的に用いた強制跳水式減勢工としてUSBR（米国開拓局）のⅡ型減勢工が知られているが，USBRの指針では減勢工上流の流速が15 m/s程度以上となるとキャビテーション損傷を受ける危険があるとされており，バッフルピアの利用は制限されている[10]．補助構造物の設置により射流による高速な流れが護床工で生じなくなれば，護床工の沈下・流失を抑えることができる．

護床工の流失に対しては護床工ブロックの連結も有効な補強方法である．護床工ブロックを連結すると，ブロックの間の連結部に張力が作用する．洪水外力により護床工ブロックのある1つのブロックが流失する条件となっても，他のブロックの重力と河床面との摩擦力がブロック連結部の張力を通じて伝達され，ブロックは流失しにくくなる．

護床工下部の空洞化に対しては，吸出し防止材の敷設が有効である．吸出し防止材は，縦断方向に細長い透過性のあるシートを敷設して，護床工の重力，護床工および河床材料と吸出し防止材の摩擦力，吸出し防止材の張力により護床工下部の河床材料の挙動を拘束する．吸出し防止材は，護床工下部の河床材料の移動を直接的に抑え，護床工の沈下を防止するために有効に作用する．

護床工間隙に石礫を間詰めすることも，護床工下部の河床材料の移動を抑える方法として有効である．間詰めに用いる河床材料は石礫径の異なる層状とし，任意の層の石礫径は下の河床材料または石礫の3倍程度とすると，構成する石礫層の間隙を下層の河床材料および石礫が物理的に抜け出すことが不可能となる[11],[12]．この逆フィルタによる石礫護床工を設計する場合には，最上層の表面に作用する掃流力と石礫径，層厚，層数から河床面に作用するせん断力を見積ることができる[11],[12]．同様に考えると，護床工ブロックの間詰めに石礫を用いて護床工の沈下対策を行う場合，最上層の石礫径は護床工ブロックと同程度の大きさが必要と考えられる．しかし，護床工ブロックの間隙では流速が比較的遅くなることから，最上層の石礫径をブロックの間隙を通過しないように設定すれば，流下方向の石礫の挙動および最上層より下の石礫および河床材料を拘束できると考えられる[9]．

### 2.5.2 水叩き空洞化対策

水叩き下部が空洞化している場合の補修・補強方法には空洞へのグラウトの充填，本体および水叩き下部への遮水工増設改修，水叩き直下流護床工ブロックへの石礫による間詰めがある．グラウトの充填は直接的に水叩き下部の空洞を埋めるものである．グラウト充填前後で浸透路長が大きく変化しない空洞形状であれば，同規模の洪水により再度パイピングによる空洞化が発生する可能性

46    2章 床止め・堰（本体）

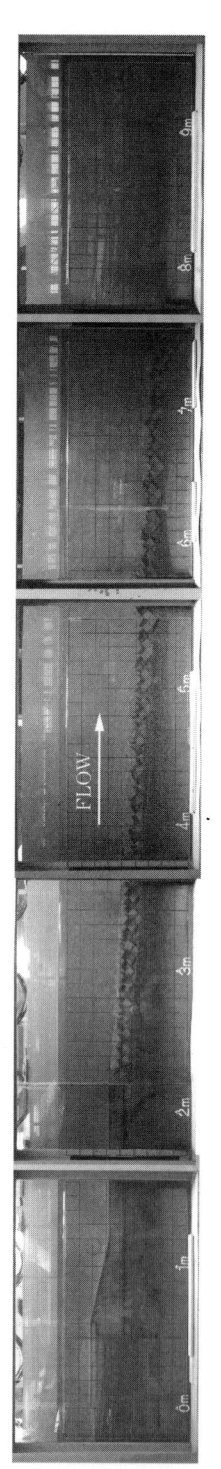

(1) 実験前の床固めの本体，水叩きおよび護床工

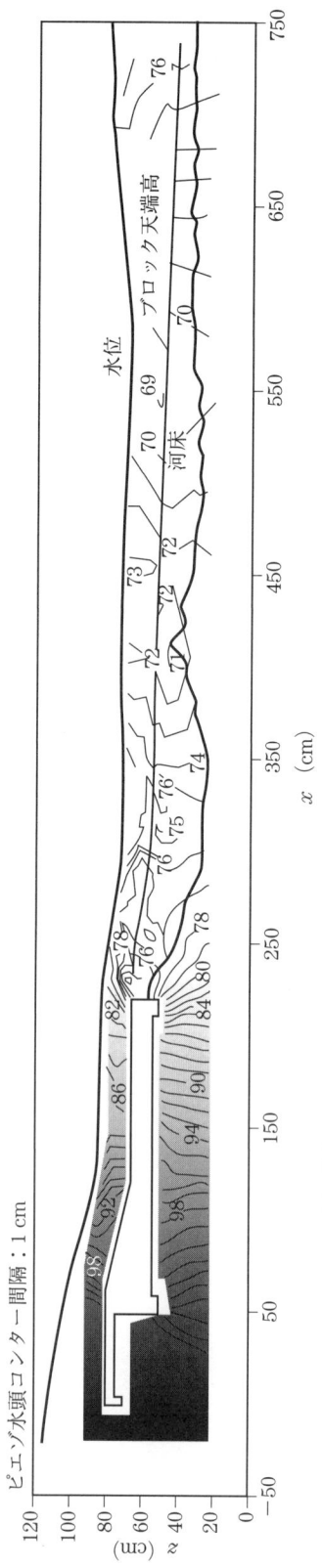

(2) 護床工ブロック下部河床材料の洗掘，護床工の沈下，ブロック天端高と水叩き直下流の圧力低下

2.5 補修・補強手法の選定と事例

(3) パイピングによる空洞化後の床止め下部の河床形状およびピエゾ水頭

(4) 石礫間詰め施工後の床止め下部河床材料中のピエゾ水頭および水面形

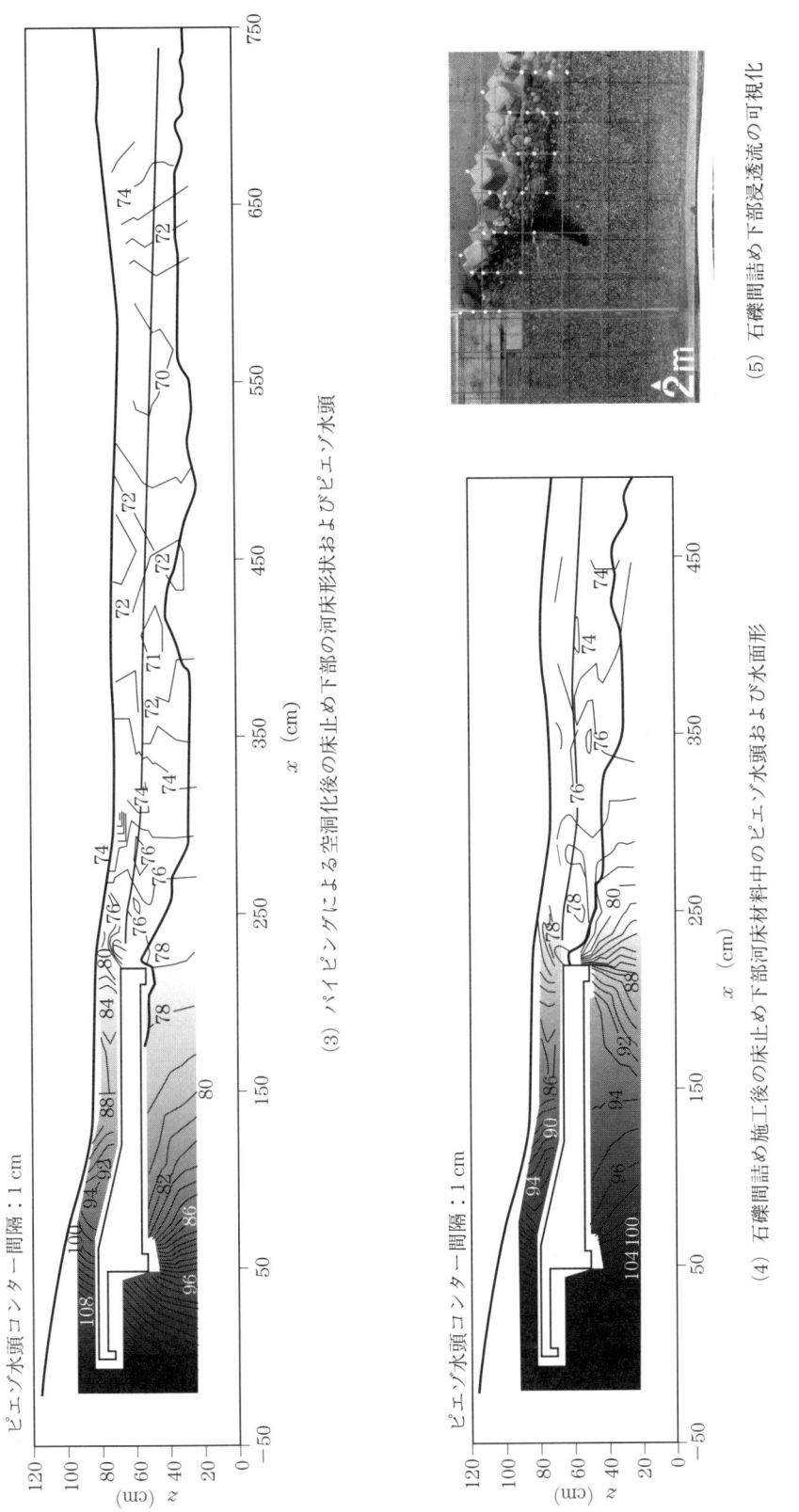

(5) 石礫間詰め下部浸透流の可視化

図 2.12 はく離流れによる水叩き下部の圧力低下と護床石礫詰めの効果検討実験[9]

がある．遮水工の増設は遮水工の2倍の長さが浸透路長に加わり，クリープ比およびパイピングによる水叩き下部空洞化の抑制を期待できる．

また，水叩き下部の護床工に石礫による間詰めを行うと，水叩き直下流の河床材料の抜け出しおよび護床工の沈下を防ぎ，水叩き直下流の水位低下およびはく離流れによる圧力低下を防ぐことが出来る[9]．

図2.12は，はく離流れによる水叩き下部の圧力低下と護床工石礫間詰めの効果を検討した実験結果である．実験模型は実在の堰を一部抽出してモデル化したものであり，下流は河床が低下して護床工は1/20の勾配で設置されていた．

図2.12(2)は，実験の通水を開始してから護床工ブロック下部の河床材料が洗掘されて，護床工ブロックが沈下しているときのピエゾ水頭および水面形を示している．水叩き下流面ではピエゾ水頭が小さくなっており，はく離流れによる圧力低下が確認できる．その後，同条件で通水を続けると，図2.12(3)のように水叩き下部河床材料のパイピングによる空洞化が確認された．空洞化後のピエゾ水頭を見ると本体下部のピエゾ水頭勾配が大きくなっていることがわかる．

図2.12(4)は，空洞化が進行している途中で水叩き直下流の護床工に石礫間詰めを行ったときの状況である．石礫間詰めは3層で行われ，最上層の石礫の径は護床工ブロックの間隙を通らないように設定されていた．石礫間詰め設置位置を回り込んで浸透流が流れるようにピエゾ水頭が分布し，石礫間詰め下部からインクにより浸透流の可視化を行うと，水叩き下流端の圧力が低くなっている箇所へだけでなく，パイピング発生前は見られなかった石礫間詰めの下流への浸透流も生じていることが確認できる．石礫間詰めにより鉛直上向きの浸透流速が抑えられ，石礫がパイピングの抑制に効果を示していた．

護床工ブロックに間隙があり水叩き直下流の護床工から沈下している場合，水叩き下部の河床に空洞が生じていたとしても，最も沈下している護床工ブロックより上流に最上の層の礫径をブロック間隙より大きくして石礫による間詰めを行うと，水叩き直下流の河床低下およびはく離流れによる圧力低下を抑制しパイピングの発生を防ぐことができると考えられる．

### 2.5.3 取付け護岸の補修・補強

護岸の補修・補強については，次のことが重要である．床止め・堰の取付け護岸の被災は堤防・堤内地の侵食を招くこともあるため，十分な補修・補強を行っておくことが求められる．

- 護岸が局部的に脱石・ブロック積（張）の構造に変化がなく，背面が空洞化している場合は，土砂などの充填と積（張）替えを行う．
- はらみ出しや陥没が生じている場所は，構造を検討のうえ，適切な措置を講じるものとする．
  護岸の目地から間隙充填材料（クラッシャーラン等）が流失し，石やブロックの合端に空隙を生じているものは，間隙充填材料の充填，グラウト注入，目地モルタル充填等で各石およびブロックの一体化を図るものとする．

- 護岸が局部的に目地に間隙が生じたため合端が接していないものは石張りのゆるみ，石の脱落などの原因となるので，すみやかにモルタル等で充填することが必要である．なお，鉄筋やエポキシ系樹脂等で補強することもできる．
- のり覆工の天端付近に生じた洗掘を放置すると，のり覆工が上部から破損されるおそれがあるので，ただちに埋戻しを行い十分固めるとともに，必要に応じて天端保護工を施工するものとする．
- 基礎が洗掘等により露出した場合は，根固め工または根継工をすみやかに実施し，上部の護岸の安定を図るものとする．
- 連結コンクリートブロック張工で，鉄筋の破断やブロックの脱落等の異常を発見した場合は，状況に応じ鉄筋の連結・ブロックの補充等を行うものとする．

## 参考文献

1) 建設省河川局監修，（社）日本河川協会編：改訂新版　建設省河川砂防技術基準（案）同解説　設計編，1997.10
2) （財）国土開発技術研究センター編：改定　解説・河川管理施設等構造令，（社）日本河川協会，2000.1
3) （財）国土開発技術研究センター編：床止めの構造設計手引き，山海堂，1998.12
4) 藤井友竝編：現場技術者のための河川工事ポケットブック，山海堂，2000.2
5) 河川構造物災害調査研究会：河川構造物の被災形態とその事例集，1987.11
6) （社）ダム・堰施設技術協会編：ゲート点検・整備要領（案），2005.1
7) 建設省関東地方建設局関東技術事務所：護岸下の空洞探査手法に関する調査報告書，関技第420号，1995.1
8) 建設省中部地方整備局中部技術事務所：平成11年度技術管理業務の概要（河川堤防空洞探査装置），2000
9) 川口広司・末次忠司・日下部隆昭・高田保彦：水叩き下流護床工の石礫間詰めによる落差工下部パイピング対策の研究，水工学論文集，第48巻，pp. 835-840，2004
10) 土木学会：水理公式集（平成11年度版），1999.10
11) 鈴木幸一，山本裕規，栗原崇：局所洗掘防止に有効な石礫護床工の条件，水工学論文集第39巻，pp. 695-700，1995
12) 前野詩朗・藤田修司：逆フィルターを用いた洗掘防止工に関する研究，河川技術論文集，第9巻，pp. 37-42，2003
※　参考文献より引用した図表は適宜加筆修正した．

# 3章 堰・樋門・水門（機械設備）

## 3.1 施設の概要

　堰・樋門・水門に設置されるゲート設備は，堰・樋門・水門等の設置目的である制水を水際で実行するための重要な施設で，確実な開閉と確実な水密性を常に求められるとともに，長年にわたって機能を維持するための耐久性も必要とされる．さらに，設置目的の適切な実行と災害の発生を防止するという観点から，そこに設置されるゲート設備には，操作の信頼性が確保され，予測しがたい状況においても必要な機能を果たすことが重要である．

　これらの機能や操作の信頼性を常に確保するために，ゲート設備や関連する設備に対して適切な維持管理を行うことにより，設備を常に良好な状態に保ち，必要な機能の保全を図ることが大切である．

　堰・樋門・水門などの河川管理施設および許可工作物のうち主要なものの構造は，河川法に基づいて策定された「河川管理施設等構造令および同施行規則[1]」に定められており，計画・設計については「建設省河川砂防技術基準（案）設計編[2]」に記載されている．また，堰・樋門・水門に設置される水門扉およびそれらの関連設備（以下「ゲート設備」という）の計画・設計・保守管理については，「ダム・堰施設技術基準（案）（基準解説編・マニュアル編）[3]」および「ゲート点検・整備要領（案）[4]」に記載されている．

### 3.1.1 ゲート設備の構成

　堰・樋門・水門に設置されるゲート設備は，大別すると図 3.1 に示すように扉体，戸当り，開閉

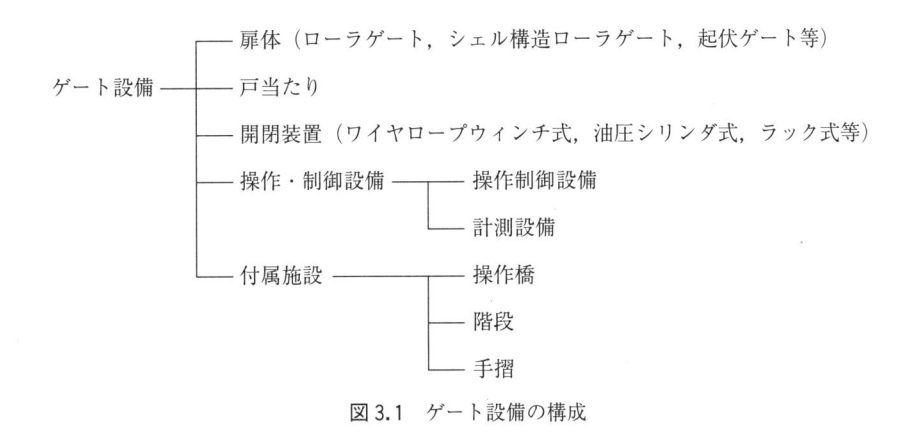

```
ゲート設備 ─┬─ 扉体（ローラゲート，シェル構造ローラゲート，起伏ゲート等）
            ├─ 戸当たり
            ├─ 開閉装置（ワイヤロープウィンチ式，油圧シリンダ式，ラック式等）
            ├─ 操作・制御設備 ─┬─ 操作制御設備
            │                   └─ 計測設備
            └─ 付属施設 ─┬─ 操作橋
                          ├─ 階段
                          └─ 手摺
```

図 3.1　ゲート設備の構成

装置，操作・制御設備，付属施設等で構成され，さらに構成された各部分の構造や型式は，設置条件，用途などを勘案して選定される．

### 3.1.2 堰のゲート設備
#### （1） 設置目的
堰のゲート設備は，堰本来の設置目的である流水の分流・取水のための堰止めや，潮止めなどを確実に行えるようゲート設備の構造，型式が選定され設置されている．
#### （2） 機能と特徴
堰のゲート設備は，分流，取水，潮止めなどの常時の用途で使用されることが基本であるため，常時水中において流水を堰き止め，貯留する機能を求められる．また，洪水時等においては速やかに扉体を全開または倒伏させ，流水を安全に流下させることが施設の管理上特に重要である．
#### （3） 構　　造
堰のゲート設備は，河川や水路を横断して設置されることが多いため，設計計画上1門当たりの扉体幅が比較的大きく，扉体高さの小さい長径間形状となる場合が多い．このため，水圧荷重に対して扉体のたわみが少なく軽量化が可能なシェル構造のローラゲートが有利となるため，この構造が広く用いられている．シェル構造ローラゲートの一例を，図3.2に示す．シェル構造ローラゲートは，スキンプレート，水平補剛材，ダイヤフラムなどにより扉体主要部が構成され，端部にローラを配する構造が一般的に用いられる．全閉時の水密方式は，両側部と底部の水密ゴムによる三方

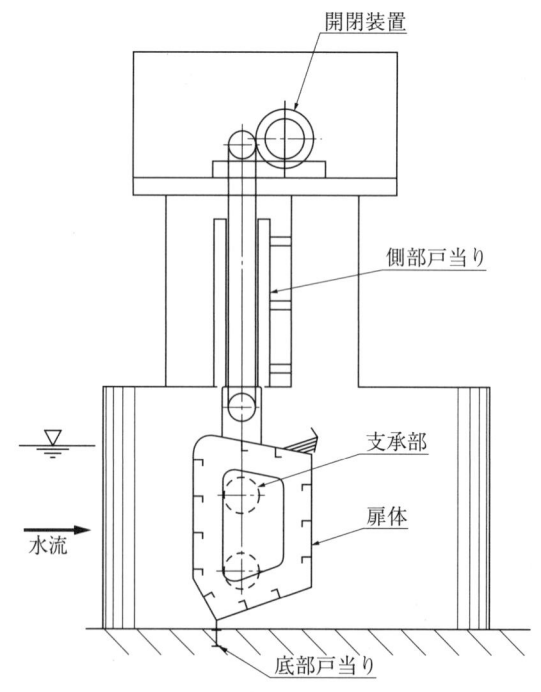

**図 3.2** 堰のゲート設備[3]（シェル構造ローラゲート）

写真 3.1 河口堰（シェル構造ローラゲート） 　　写真 3.2 河口堰（プレートガータ構造ローラゲート）

水密方式が用いられる．開閉装置は，ワイヤロープウィンチ式や油圧式等が用いられている．シェル構造ローラゲート以外のゲート型式としては，ローリングゲート，起伏ゲート，ゴム引布製起伏堰等も採用されている．

### 3.1.3 樋門のゲート設備
#### （1） 設置目的
樋門のゲート設備は，樋門本来の設置目的である排水，逆流防止，用水取水などを確実に行えるよう設置されている．

#### （2） 機能と特徴
樋門は，本川堤防内に暗渠として設けられる施設であり，流水遮断時にはゲート設備を全閉状態として，堤防の一部として機能するものである．扉体自重が少ない小型ゲートでは，流水遮断時など扉体の上下流に水位差が発生する場合に，扉体自重による降下が困難となるため，締切力が期待できる開閉装置を装備する必要があり，近年では開閉効率に優れたラック式開閉装置が多く用いられる．

#### （3） 構造
一般に樋門のゲート設備はローラゲートが用いられているが，特に小規模の樋門では，スライドゲートを用いることもある．図 3.3 に樋門のゲート設備を示す．

樋門の函体部分は堤防内部を貫通して設置されるため，ゲート設備は全閉時に扉体の両側部と上下部の水密ゴムで止水する四方水密方式が用いられる．

開閉装置の方式としては，ワイヤロープウィンチ式，ラック式，スピンドル式，油圧式など

写真 3.3 樋門（ラック式）

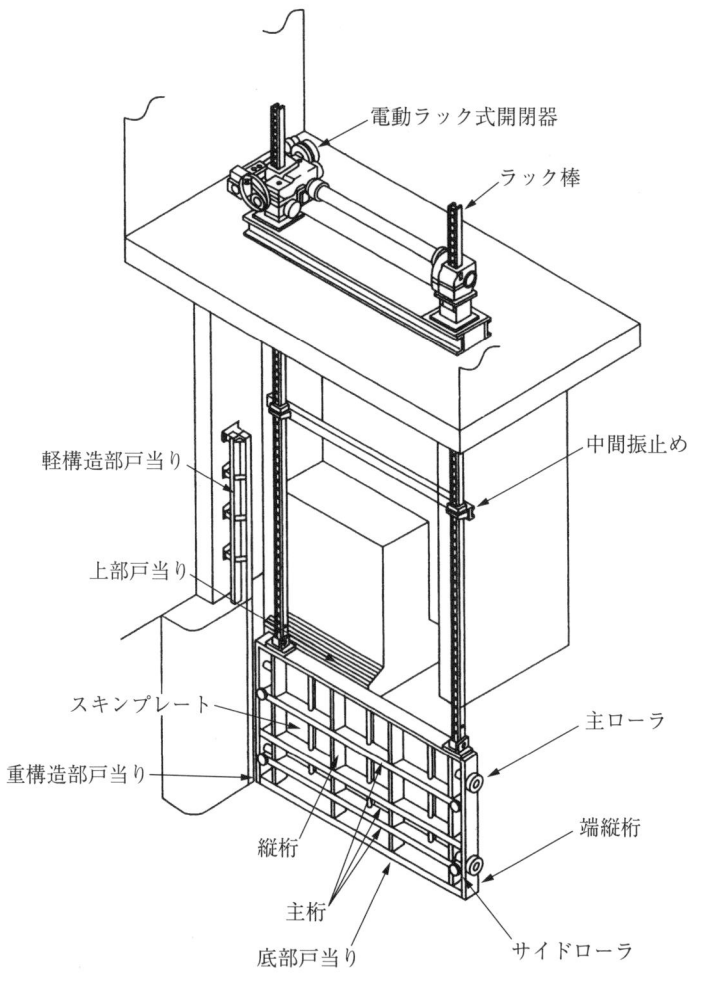

図 3.3 樋門のゲート設備[8]（電動ラック式開閉装置）

写真 3.4 樋門（ワイヤロープウィンチ式）

写真 3.5 樋門の開閉装置（ワイヤロープウィンチ式）

が施設の規模や操作性などにより選定される．

写真 3.3 に樋門（ラック式），写真 3.4 に樋門（ワイヤロープウィンチ式），写真 3.5 に樋門の開閉装置（ワイヤロープウィンチ式）を示す．

### 3.1.4 水門のゲート設備
#### （1） 設置目的
水門は，分流や逆流防止を目的とする通常の水門と，潮の遡上防止や高潮対策を目的として河口付近に設置される防潮水門があり，水門のゲート設備はこれら水門本来の設置目的である分流や逆流防止，防潮などを確実に行えるよう設置されている．

#### （2） 機能と特徴
水門は，河川堤防を分断して設けられる施設であるため，止水が必要となる全閉状態においては連続した堤防の一部として機能し，洪水等の災害から地域を守るための重要な構造物となる．そのため，水門に設けられるゲート設備は，開閉の確実性，水密性という機能が特に重要で，一般に閉運転時には開閉装置の締切力を期待せずに扉体の自重により降下できるよう設計されている．また，船舶の航路上に設けられる舟通し用の水門として設置される場合には，扉体の開閉速度を速くして船舶の航行の妨げとならないよう配慮されている．

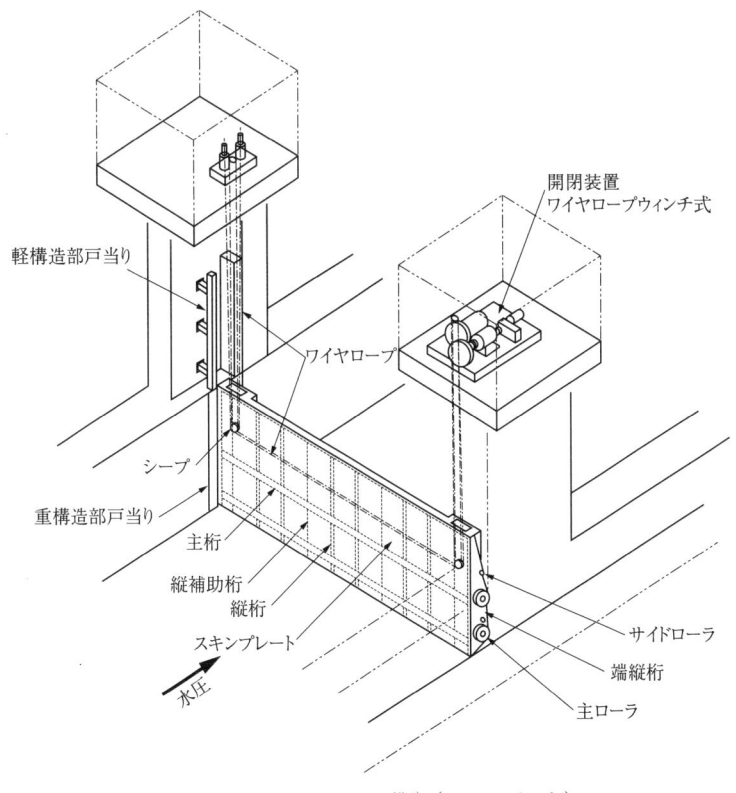

図 3.4 水門のゲート設備[8]（ローラゲート）

写真 3.6　水門（ワイヤロープウィンチ式）　　　　写真 3.7　水門（ライジングセクターゲート）

### （3）構　　造

　一般に，水門のゲート設備には鋼製のローラゲートが広く用いられているが，他の型式としてはシェル構造のローラゲート，マイターゲート，スイングゲート，ライジングセクターゲートなどがある．図 3.4 に水門のゲート設備（ローラゲート）を示す．

　全閉時には，扉体の両側部と下部の水密ゴムで止水する三方水密方式と，扉体上方にカーテンウォール等を設置した四方水密方式が用いられている．

　開閉方式としては，ワイヤロープウィンチ式，油圧式，大型ラック式などが施設の規模や操作性などにより選定される．

## 3.2　損傷・劣化の実態

　ゲート設備は，堰・樋門・水門の躯体に直接取り付けられ，躯体と一体になって機能を発揮するため躯体そのものが洪水や地震による損傷や変形を受けないかぎり，外力による損傷は発生しにくい．

　しかし，ゲート設備の主要部分は，炭素鋼，ステンレス鋼，鋳物などの鋼構造物で構成されており，短期的には強靱な素材であるが，堤防やコンクリート構造物など劣化の進行が比較的遅いものとは異なり，常に作動して機能を果たすことが要求されるため，腐食や摩耗，動作不良などを中心とする経年的な劣化が問題となってくる．

　ゲート設備の更新時期をみると，施設の使用環境や規模にも左右されるが，小型ゲート設備では設置後 20～30 年の間で設備の一部または設備全体が更新されるケースが多い．これは小型ゲート設備の更新費用が比較的安価で，更新の費用が補修して再使用する費用と比べても大差がなく，機能回復をほぼ完全に行うことができるためであり，土木構造物を部分補修しながらゲート設備を更新するケースが数多くみられる．

　小型ゲート設備の更新理由は設備の経年劣化による機能低下が主な原因であるが，近年では開閉

方式を手動式から電動式に移行する場合や，遠方操作方式を取り入れる場合などに合わせて更新される事例も散見される．また，開閉装置には，操作・制御盤類，センサー類などがあり，これらの電気機器の寿命は，扉体，戸当りなどに比べてさらに短いといわれている．

大型ゲート設備では，設置後30年以上経過しても，ゲート設備単独の全体更新は少なく，更新費用がかさむことや，更新時の施工が大規模となることなどから，部分補修や定期整備により継続して使用される場合がほとんどである．

損傷・劣化の事例としては，損傷の程度が比較的軽微なもので，定期点検の点検項目により日常的に点検・整備を行っているものや，日常の点検・整備では対応が困難となる問題などさまざまであるが，ここでは主に日常の点検・整備での対応が困難な事例について解説する．

### 3.2.1 扉体，戸当りの損傷・劣化

扉体関係の損傷・劣化では，接水部の腐食や水密ゴムの劣化が主なものであり，塗膜の劣化部分からの腐食や，塗装が困難なローラ周辺部の腐食が散見される．腐食の進行は，扉体が常時没水している場合や，塩分濃度の高い場合に早まる傾向にあり，腐食の進行を配慮した塗装の塗替え間隔や電気防食などの防食対策が必要となる．

また，損傷・劣化とは異なるが，ローラの回転不良による開閉傷害と戸当り金物への損傷が問題となる場合がある．ローラに回転不良が発生すると水位差が発生する閉操作時において，ローラが回転しないために扉体が降下しにくく，ゲートが全閉にならない場合もあり，ゲートの重大な機能喪失となる．また，ローラが正常に回転しない場合は，戸当り金物との接触が，転がり接触から滑り接触に変化するため，接触部のローラと戸当りに異常摩耗が発生する．特にローラの材質にステンレス鋼を使用した場合には，一般に戸当り金物がステンレス金物であることから，接触部に凝着が発生する場合があるため，設計計画時には特に凝着防止への注意が必要である．

[事例-1 スキンプレートの腐食事例]

写真3.8は，河口付近に潮止堰として使用されているローリングゲートの扉体の腐食状態である．海水にさらされる部分では貝類の付着が顕著で，これらが原因と思われる塗膜の損傷が発生し，塗膜損傷部分から腐食が始まっている状況である．

写真3.9は，河口から数キロメートル付近に設置されている感潮区間の樋管のゲート設備である．排水運転時以外は常時全閉状態におかれていたため，水中部のスキンプレート表面の塗膜損傷部分から腐食が進行している状況である．竣工時は，エポキシ樹脂塗料により被覆されていた．腐食は，塗膜がはく離した部分に集中して孔食を含む腐食が認められる．

[事例-2 主ローラおよびサイドローラの腐食事例]

写真3.10は水位調節堰に使用されているローラゲートの主ローラの腐食状態である．二段ゲートの下段扉として没水状態で約11年間使用されていたもので，主ローラは全体に腐食が発生して

写真3.8 スキンプレートの腐食（ローリングゲート）

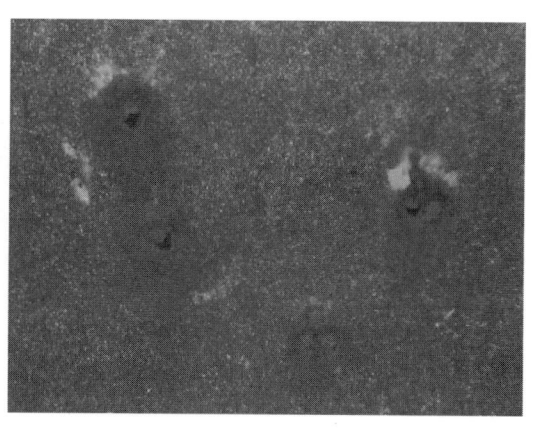

写真3.9 スキンプレートの腐食

いる．ローラ材質はSSW-Q1Sであり，竣工時はタールエポキシ樹脂塗料により被覆されていた．腐食は，塗膜がはく離した部分に集中して孔食を含む腐食が認められる．

腐食発生の過程としては，塗膜の劣化→部分的な塗膜のはく離→ローラ表面の腐食→孔食となったと予想される．腐食原因は，没水後約11年経過していることから，塗膜の劣化が第1の要因と考えられる．また，このローラの周辺には戸当りや扉体などにステンレス鋼が多用されていることから，ローラ―水―ステンレス鋼という異種金属間接触腐食が発生し，塗膜はく離部分が集中的に腐食して孔食を生じたと思われる．

写真3.10 主ローラの腐食

写真3.11・写真3.12は，写真3.9と同施設のゲート設備の主ローラとサイドローラの腐食状態

写真3.11 主ローラの腐食

写真3.12 サイドローラの腐食

である．エポキシ樹脂塗料による塗替え塗装後約8年が経過しているが，ローラ踏み面の塗膜損傷が第1の要因で，塗膜がはく離した部分から一気に腐食が進行している．

感潮区間の樋管のゲート設備であるため，特に下部ローラの腐食が激しい．

[事例-3 主ローラの回転不良に伴う損傷事例]
写真3.13・写真3.14は，前述した主ローラの回転不良に伴う損傷の事例である．回転不良の原因としては，設計された水位条件による稼働頻度が少なく，点検等で開閉運転を行ってもローラに設計荷重が作用しないため長期間ローラが回転しない状態となる．このためローラ軸とローラの軸受部に固着が発生し回転不良が発生する．

写真3.13 ローラ表面に発生した損傷

写真3.14 戸当りローラ踏み面の断続的な引きずり亀裂条痕

また，固着が認められない場合でもローラの重量が大きく，ローラの回転接線力が小さい場合には回転不良が発生する場合がある．特に腐食環境にあるゲート設備では，ステンレス鋼のローラとステンレス鋼の戸当りを用いるケースが多くなるため，ローラの回転不良が日常的に発生すると同種金属同士の凝着発生が懸念されるので，計画時点に十分な検討が必要である．

[事例-4 シーブ溝のワイヤロープの圧痕事例]
写真3.15は，シーブ溝に発生したワイヤロープの圧痕である．本設備の建設当時は昭和43年発行の水門鉄管技術基準に準拠し，ロープの安全率8倍以上，シーブ径はワイヤロープの素線に対して350倍以上とする規格値を満足していたが，現在の「ダム・堰施設技術基準（案）」[3)]に照らしてみると，本シーブ径はワイヤロープ径に対して約13倍であり，ステンレスロープで使用頻度が高い場合は20倍以上と

写真3.15 シーブ溝に発生したワイヤロープの圧痕

されている現行の技術基準を満足していない状況である．

### 3.2.2 開閉装置関係の損傷・劣化

開閉装置の損傷・劣化は，可動部分が少なく腐食が主である扉体・戸当りの損傷・劣化とは異なり，多数の可動部分で構成されるため，各部の作動により生じる摩耗や電気設備機器の経年劣化が主な症状となる．また，油圧式開閉装置では，油圧装置に用いられるさまざまな部品のうち，パッキン，シールなどの消耗品や電磁バルブなどの細かな部品の劣化が作動不良の原因となることもあり，定期点検と合わせて定期的な部品交換が設備の信頼性を高める重要なポイントとなる．

[事例-5 開放歯車の損傷事例]

写真 3.16 は，ワイヤロープウィンチ式開閉装置の減速機に発生した歯車表面の損傷で，出力軸部の1段ギア右隅に傷（ゴーリング初期症状）が発生している状況である．発生原因としては，入力軸（下方）が片持ち構造のため，歯車同士が片当りになりやすい構造となっていたためと考えられる．

写真 3.16　1段ギア右隅に損傷

[事例-6 油圧シリンダ損傷事例]

写真 3.17 は起伏堰の油圧式開閉装置に用いられている油圧シリンダシールの損傷事例である．地震時の振動により起立中の扉体に動荷重が作用し，油圧シリンダのシールが分裂した．発生原因としては，シールの材質にウレタンが用いられていたため，油圧回路内の作動油に侵入した水分により加水硬化が進行していた．そこに地震による動荷重が作用し分裂したものである（現行のゲート用開閉装置（油圧式）設計要領[7]では，油圧シリンダへのウレタン製シールは使用が制限されている）．

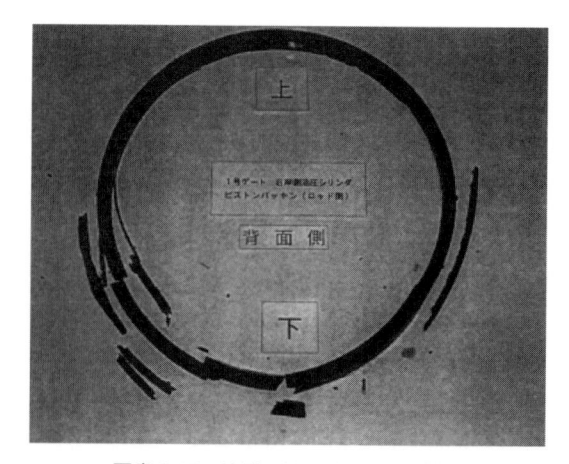

写真 3.17　油圧シリンダシールの損傷

### 3.2.3 ステンレス製ゲートの腐食

堰・樋門・水門等の施設は，水中に没したり，風雨にさらされたり，常時湿潤な環境にあるなど非常に厳しい腐食環境に設置されることが多く，設備の耐候性，耐久性は非常に重要で適切な防食

を施すことが必要である．防食方法は，施設の設置目的，使用環境，規模，保守管理体制，景観等を考慮して被覆による防食，耐食性材料の適用および，これらと塗装および電気防食との複合防食から最適な方法を選定することが重要であるが，本項では，耐食性材料として用いられてきたステンレス製ゲートの腐食について紹介する．

（1） ステンレス製ゲート設備の現状

ステンレス製のゲート設備は，昭和40年代ごろから海水域や海水遡上域で徐々に採用され，昭和60年代以降になると淡水域でも採用され始め，近年では全水域で採用実績が増加している．材質別にみると，SUS 304を含めたオーステナイト系の採用実績が非常に多い．海水域や海水遡上域ではローラやローラ軸，シーブ等へのオーステナイト・フェライト系ステンレスや析出硬化系ステンレス鋼の適用実績もあるが，総数として，オーステナイト系ステンレスの適用実績が多い傾向は同様である．

一方，ステンレス鋼といえども，腐食特性，使用環境，構造等によっては腐食する場合があり，ステンレス鋼の腐食には，隙間腐食，孔食，異種金属接触腐食，粒界腐食等があり，近年これらの腐食が発生する問題が散見されている．

（2） ステンレス鋼の腐食原理

ゲート設備のように大規模構造物においては，ステンレス鋼であっても材料の防食性能評価と異なる予想外の腐食が発生する場合がある．これは，何らかの原因により不動態皮膜が破壊された場合，カソード面積の相違により小規模構造物よりも大規模構造物のほうが腐食電位が比較的「貴な」（腐食しにくい）状態を維持したままで，アノード電流が流れ続けるためである．

　1） 腐食の形態

　　① 隙間腐食

電解質溶液中において金属表面に供給される溶存酸素量の差によって電位差が生じ，酸素の多い部分で還元反応が生じ，酸素の少ない部分で金属が溶け出す．非常に狭い隙間に電解質溶液が侵入すると，侵入した電解質溶液がほとんど入れ替わらず，酸素の供給が悪くなり酸素濃淡が生じ腐食が進行する．図3.5に隙間腐食概念図を示す．

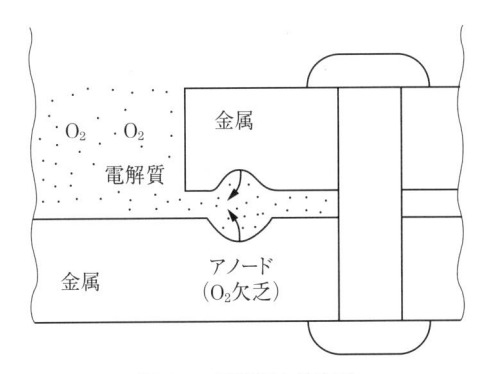

図3.5　隙間腐食概念図

　　② 孔　食

表面が不動態化している金属の電位は貴となっているが，塩素イオン等で不動態皮膜の一部が破壊されると，その部分の電位は「卑な」（腐食しやすい）状態となり腐食電池が形成される．このとき，卑な面積が貴な面積より非常に小さいため腐食が著しく進行する．図3.6に孔食概念図を示す．

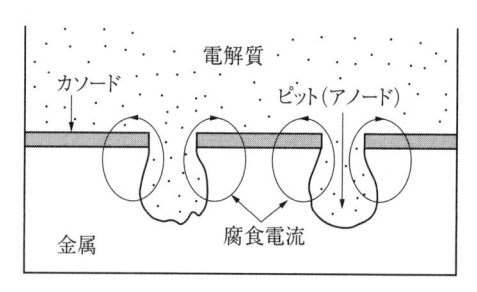

図 3.6 孔食概念図

③ 異種金属接触腐食

電位の異なる金属が電解質溶液中で接触すると，金属間に腐食電池が形成されて卑な金属が酸化され貴な金属は還元される．例えば，普通鋼材とステンレス鋼材が河川中などで直接接触したり，離れていても電気的に接続していると，ステンレス鋼近傍の普通鋼材は通常よりも著しく腐食する．

④ 粒界腐食

高炭素のオーステナイト系ステンレス鋼の溶接熱影響部でクロム炭化物が粒界に析出するため，付近のクロム濃度欠乏部が腐食されやすくなる．図 3.7 に粒界腐食概念図を示す．

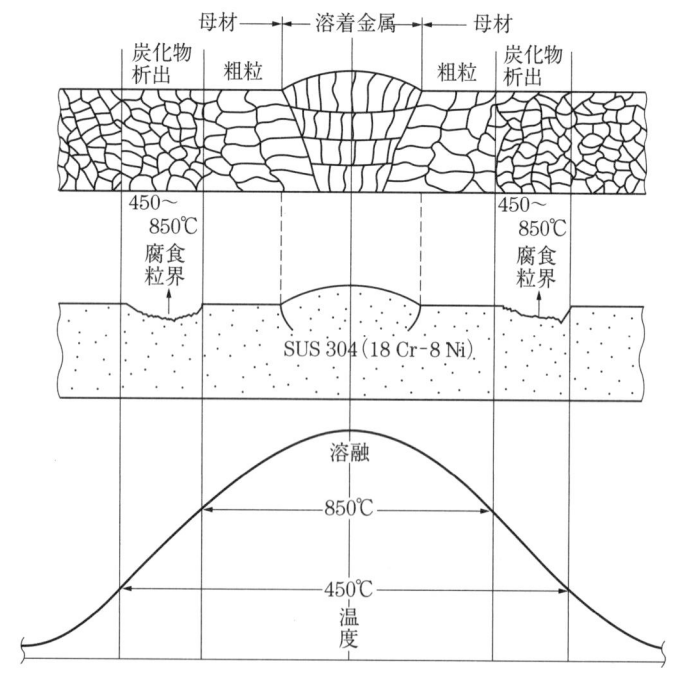

図 3.7 粒界腐食概念図（ステンレス鋼溶接部の腐食（ウエルドデイケ）モデル）

(3) 腐食発生の実態および留意点

1) 腐食発生の実態

一般に海水域において SUS 304 を適用した事例では，水中部よりも大気部や飛沫帯のほうが腐

食が発生しやすいといわれており，海水域干満部では腐食の発生にばらつきが見られる．

### 2）留意点

河川用ゲート設備においては，ステンレス鋼による防食設計手法が十分に確立していない現状や，耐食性が特に要求される箇所でステンレス鋼が用いられることも考慮しなければならない．ステンレス鋼を適用した場合でも完全なメンテナンスフリーとはならないことから，定期的点検が必要である．海水域や海水遡上域では，長期的には腐食が発生する傾向にあるため，海水域や海水遡上域へステンレス鋼を用いる場合は，部分的な適用であっても十分な注意が必要である．

また，実環境においては腐食に関係する未知要因が多いことを考慮し，管理された環境下での腐食測定を行うことが有効である．

## 3.3 点検・維持管理

### 3.3.1 点検・整備の概説

河川管理施設は，その目的から必要なときにその機能を確実に発揮しなければならないため，点検・整備を基本とした予防保全が重要で，損傷・劣化による機能喪失を未然に防ぐため，不良部分に事前に対応することが求められる．

ゲート設備は，各施設の目的により常時没水状態にあるもの，常時大気中にあるもの，高い頻度で稼働するもの，ほとんど休止状態のもの，海岸に隣接しているものなど，さまざまな使用条件，稼働頻度，周辺環境により，各設備の劣化進行が大幅に異なる．このため効果的な点検・整備や，定期的な点検・整備を行うことが設備の信頼性や余寿命に大きな影響を与える．また，点検・整備により得ることのできる当該設備の劣化情報が，設備の維持管理計画に欠くことができない．ここでは，一般的に実施されている点検・整備について内容，方法を説明する[3]．図3.8に点検・整備の種類を示す．

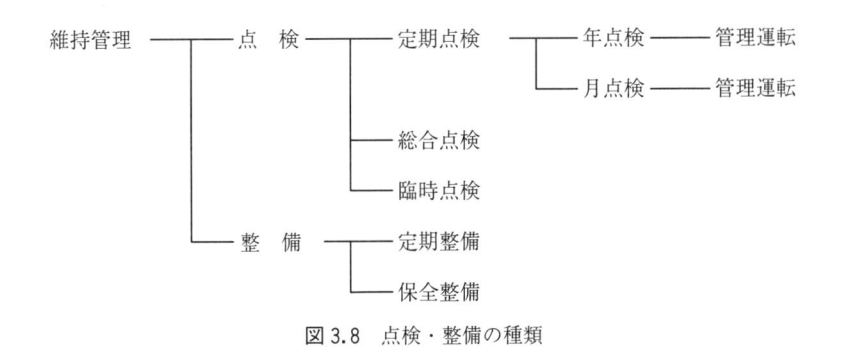

```
維持管理 ─┬─ 点　検 ─┬─ 定期点検 ─┬─ 年点検 ─── 管理運転
          │           │            └─ 月点検 ─── 管理運転
          │           ├─ 総合点検
          │           └─ 臨時点検
          └─ 整　備 ─┬─ 定期整備
                      └─ 保全整備
```

図3.8 点検・整備の種類

### （1）点　検

点検の基本は，施設全体の機能損失の有無や機器損傷の早期発見のために実施される作業である．

一般に点検には，「定期点検」，「総合点検」，「臨時点検」があり，定期点検には「月点検」，「年点検」の2種類がある．「管理運転」はゲート設備の機能をすばやく確認するための作業であるこ

とから，最も有効な点検の方法として，点検の仕上げとして広く行われている．管理運転は，特に回転部分やかみ合わせ部分などの摩耗が生じる箇所や，電動機の電流値などの経時変化を把握し，設備の予防保全に反映させることが重要である．

### （2）整　　備

整備は設備の機能を維持あるいは機能を回復するために行われる作業である．

整備の種類は，「ダム・堰施設技術基準（案）(基準解説編・マニュアル編)[3)]」および「ゲート点検・整備要領（案）」に準じて「定期整備」ならびに「保全整備」に区分される．実際の作業については明確に区分できない場合が多いが，一般に次のように区分されている．

①　定期整備

一定期間ごとに行う整備で，設備・機器の老朽化を防ぐ目的で，主として定期的な分解整備や部品交換および潤滑油脂類の交換・補給を行う．

②　保全整備

損傷予防のため，または点検の結果に基づき，主として設備・機器の機能保全および回復を目的として部品交換，修理等を行う．

### 3.3.2　点検の種類と内容
#### （1）定　期　点　検

定期点検は，設備等の状況把握ならびに機能保全を図るため，該当する設備の目的・機能・設置環境に対応した方法や頻度で実施する．

（a）月　点　検

一般的に毎月1回定期的に当該設備・機器の諸元に合致した点検項目に基づき実施するもので，1か月点検とも呼ばれる．施設や設備・機器によっては3か月点検，6か月点検等を行うこともある．また，管理運転が可能な設備は，計画的に実施することが望ましい．

月点検を実施しないと水門扉の開閉に対する障害物や支障の有無を確認できないため，実運転時に故障・事故を突発させる可能性が高くなる．したがって，極力毎月1回月点検を実施することが望ましい．月点検は，設備各部の異常の有無や，障害発生の状況の把握ならびに各部の機能確認等のため，当該設備の使用・休止の状態に応じて，目視による外観の異常の有無および前回点検時以降の変化の有無について確認等を行う．特に戸当りへの土砂の堆積，水門扉の開閉に対する障害物や支障の有無，ならびに関連設備の状態の確認等，開閉操作の機能および安全の確認，水密部の漏水，放流時の振動，異常音の有無，計器の表示，給油脂・潤滑の状況，塗装の異常等に注意し行う．

（b）年　点　検

一般的には，毎年1回洪水（出水）期の前に実施することが望ましい．しかし，積雪寒冷地域では洪水（出水）期の前（春）は積雪期から融雪出水時期・かんがい期へと続くため，洪水（出水）期（夏）から秋の非洪水（非出水）期への移行期に実施されることが多い．また，管理運転が可能な設備は，計画的に実施することが望ましい．

（c）管 理 運 転

年点検や月点検などの定期点検時には設備全体の故障，機能維持や運転員の習熟度を高めるために極力，管理運転を実施することが望ましい．管理運転は次の点に留意して実施する．

- 管理運転は，全開・全閉を原則とする．
- 管理運転は，無負荷状態では振動，異常音発生の確認がしやすいため，点検項目の設定に合わせて開閉運転ができることを確認する．
- 主操作系故障時の作動機能確認を行うため，予備操作系による設備の運転も極力実施する必要がある．
- 安全装置および保護装置の確実な作動と，操作における操作員の安全性の確認を行う．

（d）定期点検の回数
- 適切な月点検の回数は，当該施設の目的および洪水（出水）期等の時期，当該設備の年間の使用頻度や使用特性，設備および設備の老朽化の度合，水門扉の設置環境および季節特性に応じて，状況把握および機能の確保に必要な回数に増減する．

**（2） 臨 時 点 検**

臨時点検は，目視点検による方法を中心に，当該設備の目的・機能・設備環境に対応した方法で，設備全般について点検を実施する．

（a）目　　　的

臨時点検は，出水，地震，落雷，その他の要因により，施設・設備・機器に何らかの異常が発生したおそれがある場合に速やかに行うもので，設備全体について特に異常がないかを点検する．

（b）内　　　容

臨時点検を実施する場合は，短時間に多くの施設を点検する必要が生じるため，点検を実施する場合は，細部の点検よりは施設全般に重大な異常がないかを短時間に要領よく点検する必要がある．点検の実施に当たっては，原因となった事象に着目して点検することも必要である．例えば，地震が発生した場合，扉全体が堰柱に激突したため亀裂が生じたり，休止装置が損傷したりするなどの被害を被っている．また，落雷が生じた場合などは，特に制御系統に支障が生じる場合が多いため，その点に着目した目視点検とともに，開閉操作の可否を確認する必要がある．

（c）実施時期と点検内容

　　1）地震時

一般に該当設備に最も近い計測基準点において震度4以上と確認したとき，震度が4以上の場合は，月点検に準じた点検を行う．なお，震度が5以上の場合には損傷発生の可能性があるため，各部の変化に注意して点検を行い，当該設備の使用の可否を判断しなければならない．地震が発生した場合は異常な荷重が作用するので，主として各部の損傷の有無ならびに設備と土木構造物との取合い，不同沈下，傾斜，基礎ボルト等の異常の有無などの確認を重点に行う．通常，全開状態である逆流防止水門等は，ワイヤロープで吊られた状態あるいは休止装置で休止した状態で，地震があった場合には特に損害を受けやすいので留意する．主要部の異常の有無および障害の程度，ならび

に操作・制御機能の安全が確認されるまで，点検作業を行う場合であっても運転・操作を行ってはならない．

地震後に行う水門扉の臨時点検の主な項目は次のとおりとする．

- 主ローラおよび戸当りの変形，補助ローラの損傷，脱落の有無
- 水密部の損傷の有無
- 開閉装置の損傷，および作動時の不具合の有無
- 地震動により損傷が考えられる箇所の変形，溶接部の割れ，塗膜のはがれの有無
- 扉体とピアの接触状況，隔離寸法，ピアの傾斜の確認
- 基礎コンクリートのひび割れの有無
- 取付けボルトおよび基礎ボルト類の損傷，異常の有無
- 油圧式開閉装置の油圧配管の損傷，漏油の有無
- 動力電源および操作電源の確認
- 機側操作盤の盤面表示の確認

地震後に実施する最初の定期点検では，地震による障害の有無に特に注意して各部の点検を行う．

2）大雨・洪水時

一般に該当設備の直上流の計測基準点において設計洪水量を記録したとき．大雨の後は，関連する土木構造物や周辺の異常の有無に注意する．洪水時において，鋼製ゲートでは戸当り部への土砂や流木，塵芥の侵入・堆積状況，水密部の損傷や流下物のかみ込みの有無，浸水や変形の有無，流木の衝突による導流板の変形および水位計の損傷の有無などに注意する．

3）落雷時

一般に該当設備に最も近い計測基準点において落雷を確認したとき，落雷後に行う主な臨時点検は受電設備および操作制御設備の状況確認を行う．

(3) 総合点検

(a) 目　　的

総合点検は，年点検と合わせて定期点検において確認できない機器内部の状況把握，ならびに長期的保守管理計画の資料を得るため，当該設備の目的・機能・設置環境に対応した方法，時期に実施する．

(b) 内　　容

総合点検は，設備の機能を停止させるなど通常より大掛かりな体制・手段で施設全体あるいは機器各部を詳細に点検するため，機器更新時期や塗替え塗装時などを利用して計画的に行うとともに，施設の操作・管理面への影響や代替機能の必要性などを考慮した作業計画を策定して実施するものとする．常時水没部分の総合点検の実施に当たっては，潜水士による水中直接調査または水中カメラによる調査などの方法がとられるため，多額の費用がかかり，危険を伴う場合があるので，実施時期，方法等を十分検討して実施する必要がある．

### （c）点検・整備長期計画

設備・機器のトラブルの発生は，製作・施工上の原因に起因する，いわゆる初期故障発生時期を経て安定期（偶発故障期）に入り，長い時間を経て設備・機器の損耗・劣化の進行から機器の根幹に障害を与える老朽期を迎えるといわれている．

これらの特性に対し，設備・機器によっては通常の定期点検では状況把握に限界があるため，減速機，電動機，油圧ユニット，シリンダ，機側操作盤等は10年程度に1回総合点検を実施して設備・機器全体の詳細な状況の把握や整備計画の策定，あるいは更新計画の策定を行う．なお，機器分解整備および更新時期や塗装の塗替え時などを利用して行うこともある．総合点検は設備の長期的な維持管理の観点から，現状における水門設備の状態把握を目的とするため，定量的な調査を実施することが必要となる．得られた総合点検結果からの劣化進行状況を把握し，以後の整備・更新計画の策定を行う．

### （4）点検項目

点検は，ゲート設備の型式ごとに適合する点検整備要領表の項目に従って行うとともに，点検結果の評価とその対応を迅速に行うものとする．点検項目は，その損傷や劣化が顕著である場合，設備の機能そのものを損ねるおそれがあり，その評価・判定に留意しなければならない．以下にその留意事項を示す．

### （a）設備全体

扉体内部や水密部に土砂の堆積，流木等の噛み込みがある場合，ゲートの作動不良の原因となるため，設備全般における清掃状態の確認を行う．点検は目視を中心とした定性的な月点検に対し，年点検は打診・触診・聴診に加え，計測器等による定量的な点検方法による診断を実施することが望ましい．

### （b）扉体・戸当り

扉体・戸当りは，水圧荷重を安全に土木構造物に伝達させるため最も重要な構造要素であり，扉体の傾斜，主要部材のそり，板厚の減少などは，構造物の強度を極端に低下させる場合があるため，これらに異常がないことを確認する．

《点検のポイント》

- ・主桁，主脚，主ローラおよび戸当りの変形，腐食，損傷の有無
- ・水密ゴム，ゴム当たり面等の劣化・損傷
- ・管理運転時の作動性（振動・異常音など）確認
- ・その他，設備全体の状況と前回点検との対比

### （c）ワイヤロープ式開閉装置

開閉装置は一般に動力部，減速部，制動部，動力伝達部，駆動部から構成され，各構成要素に対し安全装置ならびに保護設備が付帯されている．開閉装置各部は管理運転による点検を原則とし，機器の過熱・異常音・振動などを目視・聴診・触診はもちろんのこと，計測器による定量的な計測により，前年度との比較判定を行うことが望ましい．また，機器の信頼性を向上させる目的で設置

される制限開閉器等の保護装置については，作動確認試験を実施し，正常な機能が保持されていることを確認する．写真3.18に管理運転時の減速機異常音の確認状況を示す．

《点検のポイント》

- 動力部等の構成要素ならびに周辺設備の損傷・変形・摩耗・歯面の損傷，その他異常の有無
- ワイヤロープの張り・損傷・摩耗，ボルト等のゆるみや脱落
- 開度計，保護装置その他の制御機器の外観，計器の表示異常の有無
- 潤滑油量および油漏れ，グリース，ロープ油の給油脂状況
- 塗装の異常や塗膜のはがれ，さびの発生と進行状況
- 開閉装置フレームと架台基礎ボルトの状況
- 管理運転における過熱・異常音・振動の状態
- その他，設備全体の状況と前回点検との対比

**写真3.18** 管理運転時の減速機異常音の確認

(d) 油圧式開閉装置

油圧式開閉装置の構成要素として，アクチュエータ，油圧ユニット，油圧配管がある．ゲート用開閉装置は一般の産業機械に比較すると稼働率が低いため，年点検においては管理運転による点検を原則とし，開閉装置の機能維持に努める．また，管理運転による機器の過熱・異常音・振動などを目視・聴診・触診はもちろんのこと，計測器による定量的な計測により，前年度との比較判定を行うことが望ましい．

《点検のポイント》

- 動力部等の構成要素ならびに周辺設備の損傷・変形・摩耗・歯面の損傷，その他の異常の有無
- ボルトなどゆるみや脱落グリースなどの給油脂状況
- 開度計，保護装置その他の制御機器の外観，計器の表示異常の有無
- 作動油量および油漏れ，油性の分析
- 塗装の異常や塗膜のはがれ，さびの発生と進行状況
- 開閉装置フレームと架台基礎ボルトの状況
- 管理運転における過熱・異常音・振動の状態
- その他，設備全体の状況と前回点検との対比

(e) スピンドル・ラック式開閉装置

開閉装置は，動力部，減速部，動力伝達部，駆動部，手動装置，開度計および保護装置で構成さ

れている．

《点検のポイント》

・動力部等の構成要素ならびに周辺設備の損傷・変形・摩耗・歯面の損傷，その他異常の有無
・スピンドル・ラック棒（全体）の曲がり，損傷の有無およびねじ部・ラックピンの摩耗状況
・開度計，保護装置その他の制御機器の外観，計器の表示異常の有無
・潤滑油量および油漏れ，グリースなどの給油状況
・塗装の異常や塗膜のはがれ，さびの発生と進行状況
・開閉装置フレームと架台基礎ボルトの状況
・管理運転における過熱，異常音，振動の状態
・自重降下機能の作動確認および自重降下速度の確認（ラック式）
・遠心ブレーキのブレーキ片摩耗状況確認（ラック式）
・その他，設備全体の状況と前回点検との対比

（f）機側操作盤

機側操作盤は当該ゲートの機側運転を独立して行うもので，さらに遠方からの操作制御信号を受けて，ゲートの開閉・停止運転を行う重要な設備である．点検に当たっては，電気事業法に基づき行うものとし，必要に応じて電気災害を防止するために作業主任者を定めるものとする．機側操作盤の中には，制御回路を構成するリレーやタイマ，開閉装置を駆動させるための動力回路を構成する電磁接触器や新相コンデンサ，電源回路を構成する配線用遮断機や変圧器などが組み込まれており，動力電源，制御電源ならびにそれらの回路に対し，回路計（テスタ）等で測定し，異常がないことを確認する．

写真3.19に機側操作盤の絶縁抵抗測定状況を示す．

**写真3.19　機側操作盤の絶縁抵抗測定**

（g）遠隔監視制御装置

遠隔監視制御装置は，遠隔地（管理所等）から遠隔監視する機能，遠隔制御する機能や運転支援機能等で構成されるシステムであり，監視機器による常時の状態監視は異常の早期発見に有効な手段である．点検はシステムの各機能に異常がないかの確認と各機器に異常がないことを確認する．

（h）付属施設

各付属施設は主に損傷，変形がなく，機能を保持しているかを確認する．

（5）点検方法

点検とは，主に次のような方法で実施する．目視・聴診・臭診・打診・触診および簡単な器具や測定器を用いた計測・作動テストなどの方法とする．

一般に点検で使用する工具および測定器具およびその他準備する物は下記に示すとおりである．
（a）点検時の工具

設備完成時には，機器の保守点検に必要な基準工具および特殊工具が工具リストとともに完備されているのが一般的であるが，時間が経過するに従って，これらの工具類が離散・変形して用をなさないことがある．したがって，点検作業前および点検作業後には，工具セットの員数を確認し，またドライバなどの形状の変化により用をなさないものかないかどうかチェックする．なお，工具と異なるが，軸受音などを聞くための聴診棒を常備することも必要である．

（b）準備する測定機器の例
- 寸法測定器具

    スチールテープ，ノギス，ダイヤルゲージ，金尺，内パス・外パス，マイクロメータ，脚長ゲージ，トランシット，シックネスゲージ等

- 機能測定器具

    ストップウォッチ，温度計，電流計，メガー，回転計，磁石，水平器，テストハンマーなど

- 付属器具

    ルーペ，反射鏡，カメラ，懐中電灯など

（c）安全設備等

状況により足場，はしご等の安全設備等を設置する．作業場では，安定した足場や手すりなどを必要に応じて確保すること．また，操作責任者以外は設備の操作は行わないものとし，点検中は始動ロックの処置をし，操作盤に「点検中」の表示板等を掲げて誤操作による事故を防止する．また，遠隔操作制御装置がある設備については，遠隔側にも「点検中」の表示板等を掲げ，事故防止に努めるものとする．

### 3.3.3　整備の種類と内容

#### （1）整備の種類

整備の種類は，「ダム・堰施設技術基準（案）（基準解説編・マニュアル編）[3]」および「ゲート点検・整備要領（案）」に準じて「定期整備」ならびに「保全整備」に区分される．ただし，実際の作業については明確に区分できない場合が多いが，一般に次のように区分されている．

（a）定期整備

一定期間ごとに行う整備で，設備・機器の老朽化を防ぐ目的で，主として定期的な分解整備や部品交換および潤滑油脂類の交換・補給を行う．

（b）保全整備

損傷予防のため，または点検の結果に基づき，主として設備・機器の機能保全および回復を目的として部品交換，修理等を行う．

#### （2）整備の内容

整備とは，設備・機器の故障，損傷，疲労，劣化等への対応，あるいはこれらの予防のため，ま

たは点検の判定結果およびトレンド管理による故障時期の推定等に基づき，設備の機能維持，機能保全，および機能回復のために実施する塗装，油脂等の補給，部品交換，修理・復旧等の作業，および各部の調整・作動テストなどを行う作業である．主として，工具，機械，器具，測定器等を用いて行うが，実施に当たっては仮設備や安全設備等の設置が必要な場合が多く，安全対策等に十分留意して計画・実施する必要がある．

整備に当たっては，当該設備の設置環境，目的および使用条件，設備の建設または更新後の経過時間，稼働状況，ならびに今後の使用計画および更新計画等の有無，当該設備・機器が確保すべき機能・信頼性の程度，ならびに耐用年数（寿命），塗料その他の防食材料，部品・油脂等の耐久性や劣化度その他の品質特性を考慮して柔軟に対応する必要がある．

過去の点検時の判定結果およびトレンド管理による故障時期の推定等により，整備の必要があると判断された場合には，専門技術者により機能維持・回復を図るために必要な措置を取る．

また，損傷・故障の修復のみでなく，機能の低下や障害の発生について事前に対応する，いわゆる予防整備となるように計画的に行うとともに，整備を実施した場合は，整備箇所および整備内容のほか，特に重要な事項については損傷や故障等の原因および計測など，その後の点検整備に参考となる事項を適切に記録する．

消耗部品や調達の困難な主要部品等は，必要に応じて予備品を保有する．

(3) 整備の方法

整備は，ゲート操作により確実に開閉し，流水管理を行うことができるよう「操作の信頼性の確保」と「機能保全」を目的として実施し，対象設備の目的・機能，特性，ならびに想定される設備・機器の耐用年数を考慮し合理的な方法で行うものとする．

整備時には，整備後の一連のシステムとして機能を確認するため，管理運転の実施を原則とする．

(a) 堰のゲート設備

堰は，一般に大型の設備で常時使用状態にあり整備の実施時期が限定されるため，故障や損傷した場合には，機能の復旧まで多くの時間・経費を要するおそれがある．また，使用期間の割に動作時間が少ないことから，一定の期間ごとに行う定期整備を基本として実施する．整備に当たり修理用ゲート，足場仮設など，その現場状況に応じた適切な仮設備を設置する．整備内容および仮設設置・撤去等においては，道路交通規制の必要がある場合もあるので，十分に現場状況を把握し，工程管理を慎重に行う．

(b) 樋門・水門のゲート設備

樋門・水門等は常時は全開状態にあるため，故障や損傷が発生した場合には，堰に比較して対応が容易である．また，一般に操作頻度も少なく，極端な経年劣化は生じにくいことより点検結果に基づいて実施される保全整備を基本とする．なお，樋門・水門の整備は，比較的規模が小さいために，点検と整備を合わせて一連の作業として実施している場合が多い．

### 3.3.4 点検・整備記録の保管と活用

#### （1）点検・整備結果の記録

設備・機器の点検・整備を行ったときには「点検・整備結果記録表」等に適切に記録し，設備機器の状況変化や経過等が把握できるよう保守・管理する．記録は設備・機器ごとに作成するものとし，点検・整備の都度，その結果を適切に記録するものとする．

設備・機器の改造・更新あるいは操作方法の変更を行ったときは，検討書等に改造・更新の理由および内容等について，明確に記録するものとする．

各種記録データは，点検・整備記録等と合わせて，電子データとして保管，管理し，効率的な運用を行うことが望ましい．

点検・整備記録は単に結果の記録のみならず，当該設備・機器等の経時変化の把握および将来の変化・予測など，施設の長期的保守管理計画の資料として活用するために重要であり，点検・整備表に規定したトレンド管理を行う．点検項目は経年変化と不具合事象の予測や傾向を把握するため，経年変化を点検記録としてグラフ化し，判定基準値との確認を行うものとする．

## 3.4 損傷・劣化の調査・診断

### 3.4.1 設備全般の損傷・劣化の調査方法

ゲート設備全般の損傷・劣化の調査・診断は，前述した定期点検を確実に実施することにより，機能損失の有無や機器損傷の早期発見が可能となり，ゲート設備各部の損傷・劣化の状況把握も可能である．さらに，これら定期点検による各部の測定データを経年的に分析管理することにより，最適な保全整備や部品交換の時期が推定可能となる．

しかし，定期点検の点検項目は，目視点検や運転時の各部の計測等によるものが基本となっており，分解しなければ確認できない部分や水中部などの不可視部分，および素材そのものの劣化などについては予測が困難である．また，これらにより作動不良や損傷が発生する場合があるため，長期間稼働している設備では注意を要する．

以下に，通常の定期点検の点検項目以外で実施されている損傷・劣化の調査・診断について解説する．

### 3.4.2 腐食状況の調査方法

ゲート設備の腐食状況は，通常，定期点検時等に目視点検により行われ，空中部については状況把握も容易であるが，水中部は潜水士による水中カメラを用いたモニタリングや水中局部写真により行う必要がある．水中部の点検には，電気的性質を利用して地上から計測測定する方法があり，塗膜によって隔離された金属を分極させ，電極と金属間の電位差と流れる電流値から，局部電池（腐食電池）の形成状態や塗膜全体の電気抵抗値を知ることによって，塗膜の劣化程度を推定することが可能である．また，電気防食が併用されている場合には，標準電極を用いて電位を測定することによって，電気防食の効果の程度を判断することが可能である．

測定は，地上より水中部のゲート設備の塗装面に電極を降ろして測定するが，高い精度で測定することが必要な場合は，電極を塗装面に接近させて順次移動させることによって，ある程度面的な劣化の進行度合いを把握することも可能と考えられる．

### 3.4.3 ワイヤロープの安全性の確認方法

ワイヤロープの損傷の判定は，外径測定と素線切損の確認により行っているが，内部腐食による場合の検証を実施することにより不可視部分の内部腐食を含む有効なワイヤロープの寿命判定を行うことができる．ワイヤロープは，中心部に油を含浸した繊維を巻き込み，内部に含んだ油がロープの張力の変化等によってにじみ出し，素線に油分を供給することによって内部潤滑と防錆効果を発揮している．さらに，外部にはシーブなどとの潤滑を主目的としたグリースが塗布され，外部からのさびを防いでいる．しかし，長期間使用していると，内部の油分が枯渇し，そこに酸化物質が侵入するとロープ内部で酸化が進み，外見上は変化がないにもかかわらず破断に至ることがある．

現在，ワイヤロープの交換に係る目安として，クレーン等安全規則では，ロープ総素線数（フィラー除く）の10%以上の素線が破断したもの，直径の減少が公称径の7%を超えるもの，キンクしたもの，著しい形くずれ・腐食のあるものの使用を禁止している．また，ゲート用開閉装置（機械式）設計要領（案）[5]においては，ワイヤロープの寿命に関する要因として疲労，磨耗，腐食を上げている．

頻繁に使用されるクレーンなどでは，上記のような内部からの腐食は問題となりにくい．しかし，堰等のゲートは使用頻度が少ないため，現実的には細りによる交換は少なく，使用年数や外部の発錆等に対応して交換しているのが実状である．

このようなケースに対しては，ロープ張力を開放したうえで，ワイヤロープ開索治具等で開索し，ロープ内部を直接目視し，発錆の有無を確認する方法があり，最も確実ではある．しかし，頻繁に行うと，ロープを痛めるおそれがあり，定期的に行うことは困難である．

開索で内部を点検することに変わる方法として，酸化鉄が非磁性体であることを利用し，磁化することによって健全な部分の断面積を計測する方法が開発されている．この方法は，全磁束法と呼ばれ，ワイヤロープ中を通る磁束を測定し，磁束と断面積の比例性により断面積変化を定量的に評価する方法である．

測定原理を具体的に述べると，図3.9のように軸方向に磁気飽和まで磁化したワイヤロープの磁束はワイヤロープの断面積に比例する．健全な状態の断面積$S$に対し，腐食部の断面積を$S'$とすると$S-S'$が減少した断面積，つまり，腐食により欠損した断面積となる．このとき健全部の磁束を$\phi$，腐食部の磁束を$\phi'$とすると，$\phi$と$S$，$\phi'$と$S'$がそれぞれ比例し，磁束の変化量$\phi-\phi'$により欠損した断面積が求められる．

また，過去における磁化履歴の影響をなくすため，図3.10に示すように正負（＋－）両方向の飽和まで連続的に磁界の強さを変化させ，その際の磁束変化量（$\Delta\phi\times2$）を求めることにより精度よく測定できる．この方法による計測事例として，本州四国連絡橋の吊り橋のハンガー索，斜長

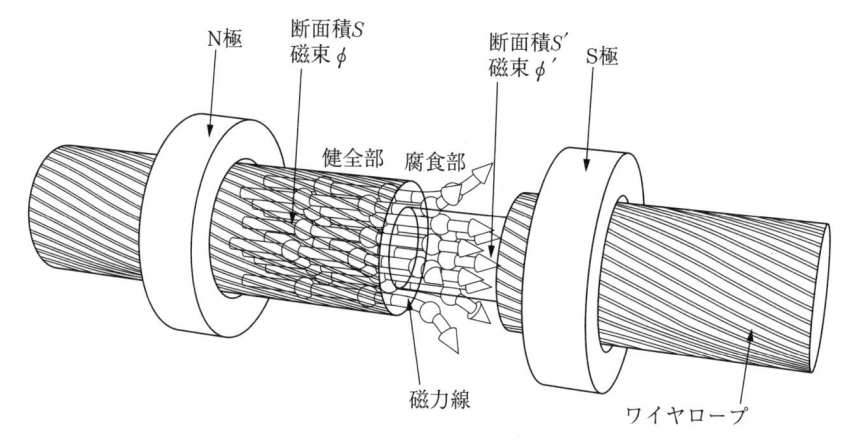

図 3.9　全磁束法による腐食測定の原理

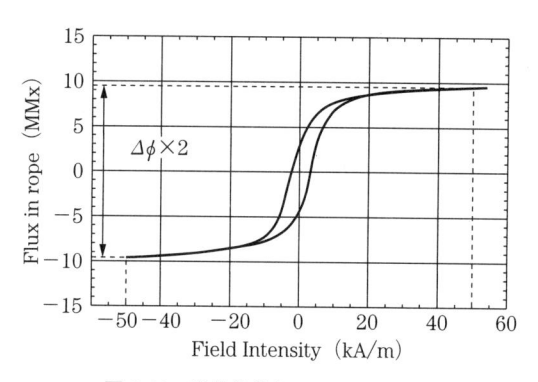

図 3.10　磁化曲線とパラメータ $\Delta \phi$

橋の主索，鉄塔のステー索，ゲート用開閉装置のワイヤロープなどがある．

### 3.4.4　作動油の油成分のモニタリングによる診断

　潤滑の故障の 70% は油の汚染とされており，油圧式開閉装置やオイルバス方式の減速機を用いる場合は，作動油や潤滑油の成分の汚染状況を定期的に確認し適切な油脂交換を行うことが信頼性の向上，装置の延命に重要である．特に，油圧式開閉装置を使用したゲート設備においては，定期的に油のサンプリングを行い油性の分析を行うことにより，油圧回路内の状況を監視・診断する必要がある．図 3.11 は，作動油による汚染と故障の関係を図示したものである．

### 3.4.5　故障の診断
#### （1）　故障対応

　ゲート設備は，点検・整備などの維持管理作業を適切に行い故障の発生を未然に防ぐことが重要であるが，稼働する設備において突発的，偶発的故障を皆無にすることはむずかしく，故障発生時の適切な対応も重要である．

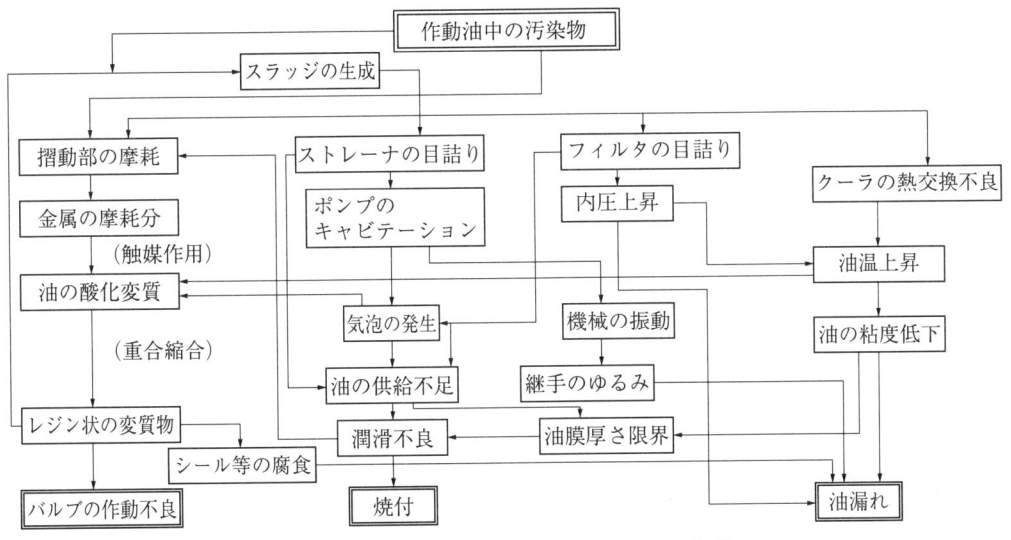

図3.11 油中の汚染物と潤滑故障のメカニズム[3]

### (2) 故障区分

ゲート設備の故障は，その故障箇所によって故障時の対応・緊急度は著しく異なるため，一般的に故障の程度や発生箇所により重故障および軽故障に区分されている．

「重故障と軽故障の区分」

「重故障」とは，そのまま運転を続けると，機器・装置などが破損・焼損して機能を失ってしまうため，非常停止させる必要のある故障である．

「軽故障」とは，正常時に比べては異常状態であるが，しばらくの間運転しても支障のない程度・部分の故障である．

表3.1に故障の原因と対策（ワイヤロープウィンチ式の例）および表3.2に故障の原因と対策（油圧シリンダ式の例）を示す．

## 3.5 補修・補強手法の選定と事例

### 3.5.1 設備全般の補修・補強手法

ゲート設備全般の損傷・劣化部分の補修は，点検等により得られた状況により摩耗・劣化部分や消耗部品について部品交換・分解整備等により機能回復を行い，腐食部分については，補修・塗装塗替え等が実施されている．

### 3.5.2 防食対策

ダム・堰施設技術基準（案）（基準解説編・マニュアル編）[3]において，堰・樋門・水門等の施設は，きびしい腐食環境に設置されることが多く，適切な防食を行うことが必要とされている．防食方法は，設置目的，使用環境，規模，保守管理体制，景観等を考慮して最適な方法が選択され運用

**表 3.1** 故障の原因と対策（ワイヤロープウィンチ式の例）[10]

| 故　障 | 診　断　項　目 | 対　策 |
|---|---|---|
| 押しボタンスイッチを押しても電動機が起動しない | 電源が入っているか | |
| | a. 電圧計が指示していない | 遠隔の主電源を「ON」にする |
| | b. 表示灯が「操作電源」点灯していない | NFBを「ON」にする |
| | 電圧計が定格値±10%以内の範囲を指示していない | 元電源の異常であり、異常を取り除いて電圧を正常に戻す |
| | 次に示す電気品が故障している | |
| | a. 電磁接触器または補助継電器の接点の接触不良 | 新規のものと交換する |
| | b. 押しボタンスイッチの接点の接触不良 | |
| | c. 上記各器具の端子部の接触不良 | |
| 運転中、停止押しボタンスイッチを押さずに停止した | 故障警報ブザーが鳴り | 以下の原因を取り除いた後、3Eリレーのリセットレバーを手動リセットする<br>・歯車類の異物の嚙み込み<br>・軸受の焼きつき |
| | a. 開・閉運転中、表示灯「3E」が点灯している | |
| | b. 開運転中、表示灯「非常上限」が点灯している | 上限リミットスイッチの故障または設定不良に対する処置を行う |
| | c. 開運転中、表示灯「ロープ過負荷」が点灯している | 以下の原因を取り除いた後、運転を行う<br>・戸溝などへの流木の嚙み込み<br>・扉体シーブへの異物の嚙み込み |
| | d. 閉運転中、表示灯「ロープ弛み」が点灯している | 以下の原因を取り除いた後、運転を行う<br>・戸溝などへの流木の嚙み込み、またはゲート直下への異物の侵入によるロープのゆるみ |
| | 開度計の指針が開運転中に、上限位置まで達していないときにゲートが停止した | リミットスイッチの誤動作が原因と考えられる<br>以下の原因を取り除いた後運転を行う<br>・上限・非常上限・ロープ過負荷のいずれかのリミットスイッチの設定位置のずれ、または故障 |
| | 開度計の指針が開運転中に、下限位置まで達していないときにゲートが停止した | リミットスイッチの誤動作が原因と考えられる<br>以下の原因を取り除いた後運転を行う<br>・下限・ロープゆるみのいずれかのリミットスイッチの設定位置のずれ、または故障 |
| 運転中「停止」押しボタンスイッチを押しても停止しない | 1) 開運転中<br>a.「↑」表示灯が点灯している | 非常に危険であり、速やかに「緊急停止」押しボタンスイッチを操作して停止する |
| | | 「停止」押しボタンスイッチの接点の焼きつきであるので取り替える |
| | 2) 閉運転中<br>b.「↓」表示灯が点灯している | 「停止」押しボタンスイッチの接点の焼きつきであるので取り替える |
| 運転中故障表示が点灯し停止しない | 故障警報ベルが鳴り表示灯が点灯している | 非常に危険であり、すみやかに「停止」または「非常停止」押しボタンスイッチを操作して停止する |

に移されるが，長期間の維持管理においては，特に腐食の進行状況を定期的に把握し，補修や塗装塗替え間隔の適正時期を判断することが重要である．図 3.12 に防食方法の種類を示す．

また，長年維持管理しているゲート設備においても，腐食の著しいものについては防食方法を見直す必要があり，ダム・堰施設技術基準（案）の防食マニュアル[3]等を基本として今後の維持管理計画を検討する必要がある．表 3.3 に防食方法選定の目安と図 3.13 に適用範囲と目標のフローを

## 3.5 補修・補強手法の選定と事例

表 3.2 故障の原因と対策（油圧シリンダ式の例）[10]

| 故　障 | 原　因 | 対　策 |
|---|---|---|
| 押しボタンスイッチを押しても電動機が起動しない | 電源が入っているか　　a. 電圧計が指示していない | 遠隔の主電源を「ON」にする |
| | b. 表示灯が「操作電源」点灯していない | NFB を「ON」にする |
| | 電圧計が定格値±10%以内の範囲を指示していない | 元電源の異常であり，異常を取り除いて電圧を正常に戻す |
| | 次に示す電気品が故障している　　a. 電磁接触器または補助継電器の接点の接触不良 | 新規のものと交換する |
| | b. 押しボタンスイッチの接点の接触不良 | |
| | c. 上記各器具の端子部の接触不良 | |
| 運転中，停止押しボタンスイッチを押さずに停止した | 故障警報ブザーが鳴り　　a. 開・閉運転中「油圧モータ過負荷」または「3E」表示灯が点灯している | 以下の原因を取り除いた後，3E リレーのリセットバーを手動リセットする　・歯車類の異物の嚙み込み　・軸受の焼きつき |
| | b. 開・閉運転中「油圧異常」表示灯が点灯している | 油圧異常上昇圧力スイッチ・油面低下レベルスイッチ・油温上昇温度スイッチのどれかが動作しているので，調査のうえ原因を取り除く |
| 運転中「停止」押しボタンスイッチを押しても停止しない | 1）開運転中「↑」表示灯が点灯している | 非常に危険であり，速やかに「緊急停止」押しボタンスイッチを操作して停止させる |
| | | 「停止」押しボタンスイッチの接点の焼きつきであるので取り替える |
| | 2）閉運転中「↓」表示灯が点灯している | 「停止」押しボタンスイッチの接点の焼きつきであるので取り替える |
| 運転中故障表示が点灯し停止しない | 故障警報ベルが鳴り表示灯が点灯している | 非常に危険であり，速やかに「停止」または「非常停止」押しボタンスイッチを操作して停止させる |
| 油圧ポンプが油を吐出しない | タンク内の作動油不足 | 油面計の基準線まで給油する |
| | タンクフィルタの目詰まり | フィルタを洗浄する |
| | 吸入系の気密不良 | 空気侵入箇所を補修する |
| | ポンプ内部の破損 | ポンプ交換または分解修理 |
| | 電動機が回転していない | 電動機を回転させる（配線点検・電流確認） |
| | カップリングが外れている | カップリングを組み直す |
| 油圧力が上がらない | 圧力制御弁の設定圧が低すぎるか弁が故障している | 設定圧を上げる　弁を交換する，または分解修理する |
| | 回路内機器のリークが大きい | 疑わしい機器を点検し，故障箇所を直す |
| | 回路からタンクへ油が逃げる | 切換弁ポジションや電気回路を調べ，バイパス路を遮断する |
| 騒音が大きい | タンクフィルタまたは吸入管の一部が詰まっている | フィルタを洗浄し，吸入管内の異物を除く |
| | 吸入系から空気が入る | 継手その他疑わしい所にグリスを塗り，音の変化によって空気の入る所を特定し補修する |
| | ポンプのシャフトシールから空気を吸う | ポンプを交換する，または分解整備する |
| | ポンプ内部の異常 | ポンプを交換する，または分解整備する |
| | カップリングの芯出し不良 | 芯出し精度を調べ，組み直す |
| | エアブリーザが詰まっている | ブリーザのエレメントを交換するか洗浄する |
| 圧力が変動し不安定 | 圧力制御弁の作動不良 | 弁を交換する，または分解整備する（リリーフ弁の場合は，ピストンの小穴や針弁の摩耗・弁座への座りなどに注意） |
| | 作動油に空気が混入している | 空気の侵入箇所を補修し，回路内のエア抜きをする |

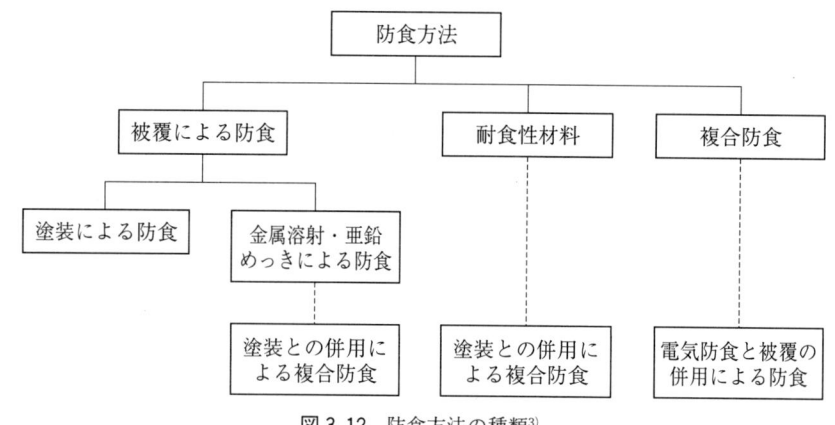

図 3.12 防食方法の種類[3]

表 3.3 防食方法選定の目安[3]

| 防食方法 | 環境 | 水中部 | 干満部 | 大気部 | 適用例 |
|---|---|---|---|---|---|
| 塗装 | | ○ | ○ | ○ | 多数 |
| 金属溶射 | | × | × | ○ | 操作盤, 開閉装置架台 |
| 溶融亜鉛めっき | | × | × | ○ | 管理橋, 開閉装置架台 |
| 耐食性材料 | | ○ | ○ | ○ | 戸当り, 放流管, 扉体 |
| 複合防食 | 塗装と金属溶射・亜鉛めっき | × | × | ○ | 手すり, 階段 |
| | 塗装と電気防食 | ○ | △ | × | 河口堰ゲート扉体 |
| | 塗装と耐食性材料 | ○ | ○ | ○ | 彩色, 異種金属腐食防止 |

ただし，○：適用可能
　　　　△：○ほど効果がない，その都度検討が必要
　　　　×：適用不可

示す．

### 3.5.3 ステンレス製ゲートの腐食対策

ステンレス鋼においても，腐食特性，使用環境，ゲート構造等によっては腐食する場合があることは前述したが，ステンレス鋼等の耐食性材料の腐食発生については臨界電位概念により議論されることが多い．局部腐食としての隙間腐食や孔食にはそれぞれに臨界電位 $V_c$ が存在し，これよりも高い（貴な）電位の環境下では局部腐食発生の可能性がある．

SUS 304 を使用した場合は，一般に海水域では，水中よりも大気部のほうが腐食が発生しやすいといわれており，また，海水域と海水遡上域を比較した場合，海水域のほうが若干腐食しやすい環境にある．ゲート設備におけるステンレス鋼の腐食発生・進展の傾向は不明確な部分も多く，耐食性が特に要求される箇所で安易にステンレス鋼が用いられる傾向がある．ステンレス鋼を適用した場合でも，海水域や海水遡上域では長期的な腐食が発生する傾向がある．そのため，海水域や海水

## 3.5 補修・補強手法の選定と事例

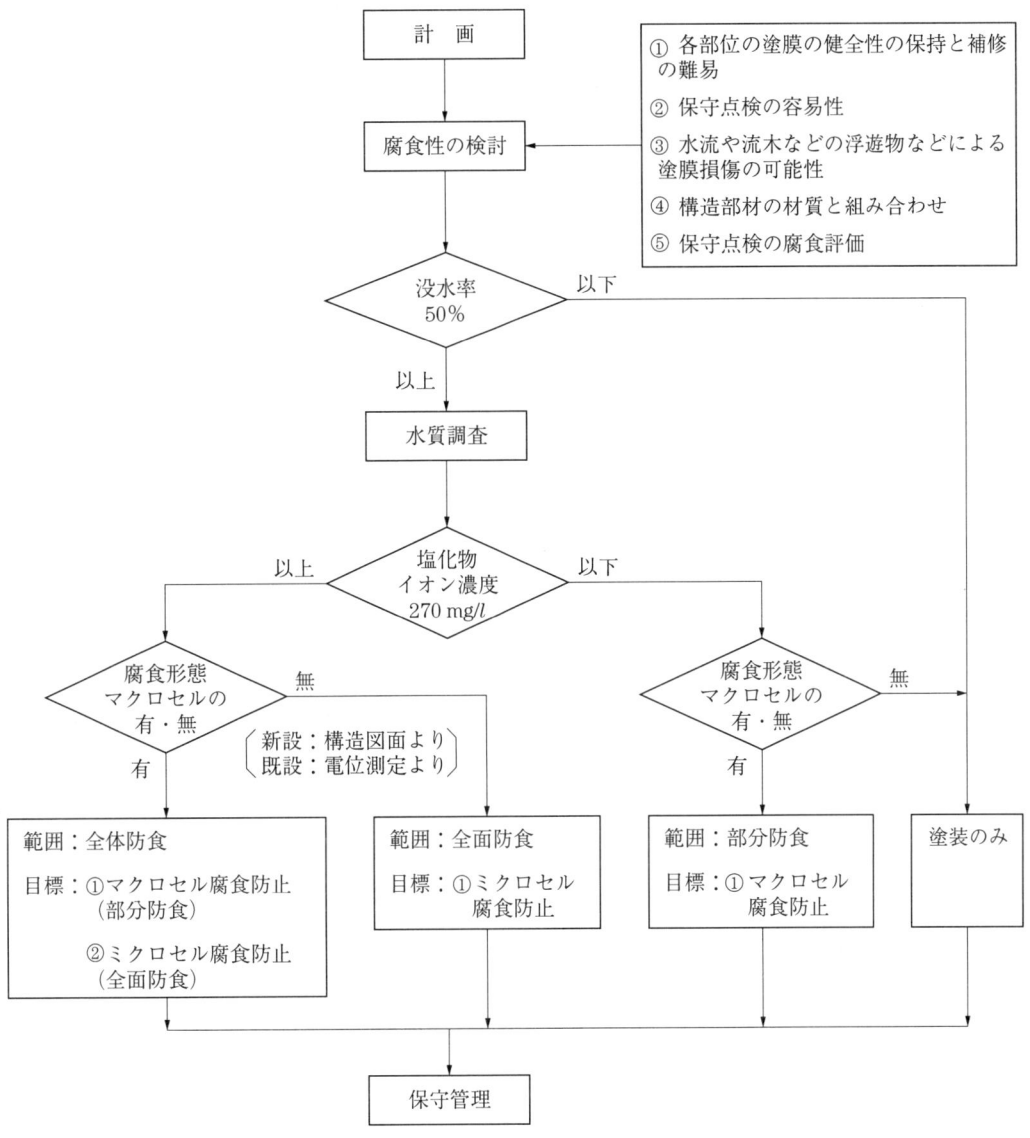

**図 3.13** 適用範囲と目標のフロー[3]

遡上域へステンレス鋼を用いる場合は，部分的な適用であっても以下の検討を行う必要がある．また，実環境において腐食に関係する未知要因が多いことを考慮し，管理された環境下での腐食測定を行うことが有効である．

### （1） 隙間腐食防止対策

材料を組み合わせるときに隙間が形成されると，本来「貴な」（腐食しにくい）電位であるステンレス鋼でも隙間部の電位は「卑な」（腐食しやすい）な電位となり，腐食が生じやすくなる．隙間腐食を防止するためには，設計時から構造的な配慮をするとともに，ボルト接合部など隙間が生じる部分を溶接構造とすることや，隙間にシール材などを充填することが望ましい．

## （2） 孔食（不動態皮膜破壊）防止対策

孔食は，ステンレス鋼やチタンなどの不動態皮膜によって保護された金属に見られる局部腐食である．ステンレス鋼の不動態皮膜は塩素イオンによって破壊されやすい．孔食を防止するためには，設計時において使用環境にあった適性材料（モリブデン Mo 含有率の高いもの）の選定や塩素イオンの濃縮する部位をなくすことなどが考えられる．

維持管理時においてはいわゆる「もらい錆」の発生を防止するため，ステンレス鋼表面に海塩粒子，鉄粉等が付着しないようゲート設備周辺の状況に十分注意する必要があり，異物が付着した場合には，バフ仕上げなどによって早期に除去することが望ましい．

## （3） 異種金属接触腐食防止対策

普通鋼などの異種金属と組み合わせた場合に相手金属を腐食させる異種金属接触腐食を防止，もしくは腐食速度を遅くするには，使用する金属材料の自然電位差を0にする，または0に近づける．すなわち，同材質の材料を選定するか，電位の近い材料を組み合わせる．また，電気抵抗を大きくする方法もある（絶縁状態もしくはその状態に近づける）．表3.4に海水中における金属の自然電位[3]を示す．

表3.4　海水中における金属の自然電位[3]

（単位：V. SCE）

| 材料 | 電位 |
|---|---|
| 亜　　　　　鉛 | −1.03 |
| アルミニウム（52 S-H） | −0.74 |
| 鋳　　　　　鉄 | −0.61 |
| 炭　　素　　鋼 | −0.61 |
| SUS 430　（活性態） | −0.57 |
| SUS 304　（活性態） | −0.53 |
| SUS 410　（活性態） | −0.52 |
| SUS 430　（不動態） | −0.22 |
| SUS 316　（活性態） | −0.18 |
| SUS 304　（不動態） | −0.08 |
| SUS 410　（不動態） | −0.15 |
| SUS 316　（不動態） | −0.05 |
| チ　　タ　　ン | −0.10 |

※測定条件：海水中25℃，流速約4m/sでの飽和甘汞電極基準（SCE）の値

## （4） 粒界腐食防止対策

粒界腐食は，溶接の際に母材熱影響部の鋭敏化に起因するものであり，設計，施工時に入熱が少ない溶接法の採用，低炭素含有ステンレス鋼（SUS 304 L，SUS 316 L等）の採用など，十分な検討や管理が必要である．

## 参 考 文 献

1) （財）国土開発技術研究センター編：改定　解説・河川管理施設等構造令，（社）日本河川協会，平成12年4月
2) 建設省河川局監修，（社）日本河川協会編：改訂新版　建設省河川砂防技術基準（案）同解説，平成10年3月
3) （社）ダム・堰施設技術協会編：ダム・堰施設技術基準（案），平成11年3月
4) （社）ダム・堰施設技術協会編：ゲート点検・整備要領（案），平成17年1月
5) （社）ダム・堰施設技術協会編：鋼製起伏ゲート設計要領（案），平成11年10月
6) （社）ダム・堰施設技術協会編：ゲート用開閉装置（機械式）設計要領（案），平成12年8月
7) （社）ダム・堰施設技術協会編：ゲート用開閉装置（油圧式）設計要領（案），平成12年6月
8) （社）ダム・堰施設技術協会編：ダム用ゲート開閉装置（油圧式）点検・整備要領（案）平成13年12月
9) （社）ダム・堰施設技術協会編：水門・樋門ゲート設計要領（案），平成13年12月
10) 建設省河川局監修，（財）国土開発技術研究センター編：ゴム引布製起伏堰技術基準（案）平成12年10月
11) （社）河川ポンプ施設技術協会：河川ポンプ設備管理技術テキスト，平成9年10月

# 4章 樋門・水門（本体）

## 4.1 施設の概要

### 4.1.1 樋門・水門の目的等

　樋門や樋管（以下「樋門」という）や水門は，取水または排水のため，河川堤防を横断して設けられる河川構造物である．特に水門は，一般に河川，湖沼，遊水地等の河川流入口に堤防を分断して設置される．また，舟運等に利用される場合もある．

　また同時に，樋門・水門は出水時にはゲートを全閉することにより洪水の逆流を防止し，堤防としての機能を有する重要な河川構造物でもあることから，連続する堤防と同等の機能を確保することが要求される．

　樋門・水門には，土圧や水圧，地震などによる変状や洪水による摩耗，腐食等の劣化が生じる．さらに，支川が流入する本川の合流部等に設置されることが多いが，そのような箇所の基礎地盤は軟弱であることが多く，地盤沈下が大きい所では，応力集中による函体クラックの発生や不同沈下等による排水，取水機能の低下が発生する．また，函体周辺堤防との間に空洞が発生し，洪水時に漏水の発生やパイピングなどの発生の原因となり，堤防の安全性を脅かすことも少なくない．空洞箇所にグラウト注入等の対策を実施しても，その後の沈下継続により空洞の再発が確認された調査事例もあり，空洞化は進行性であると考えられる．

　このようなことから，樋門・水門については，逆流防止機能，用排水の流下の機能等が保全されるよう，また洪水に対しては連続する堤防と同等以上の安全性を有するよう，十分に監視・点検，維持管理を行う必要がある．

### 4.1.2 本体工構造

　古くに設けられた樋門や水門には石積みなどの構造のものがあるが，一般的に鉄筋コンクリート構造で，最近では，プレキャストコンクリート管，鋼管およびダクタイル鋳鉄管なども用いられている．樋門・水門は図4.1・図4.2に示すように門柱，ゲート，水叩き等の各部より構成され，ゲートは鋼構造が多く，ともに十分な強度と耐久性を有する構造となっている．これに取付け水路や接続する堤防周辺に局部洗掘などが生じないよう護岸が設置される．

　水門は，樋門に比べ一般的に大型の構造物となり，荷重も大きくなるが，その機能は変動を許容するものではなく，基礎工としては杭やケーソンが使用される場合が多い．また，周辺堤防の圧密沈下等により空洞が生じ，水門下部や側面からの土砂流動と洗掘による土砂吸出しも予想されるた

4章 樋門・水門

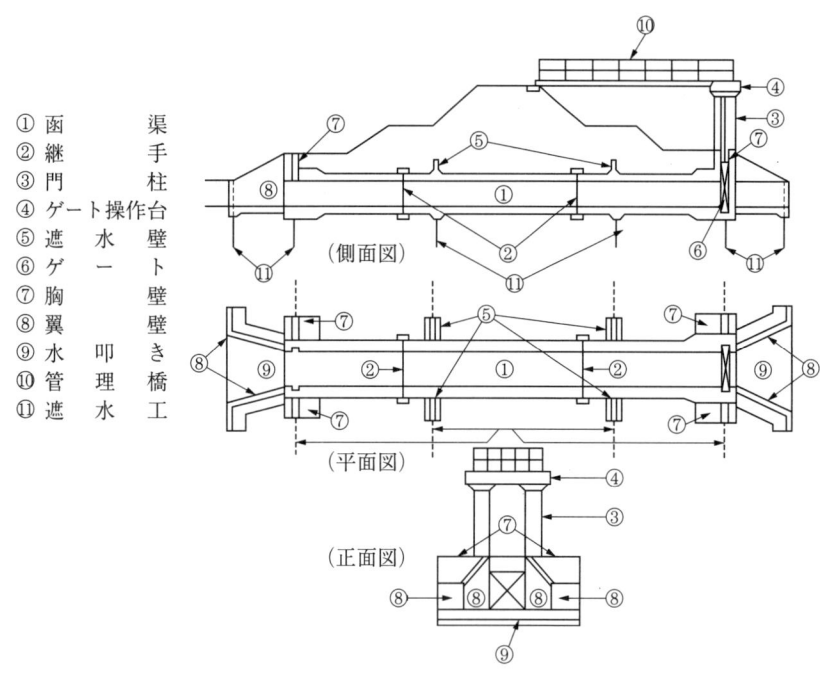

① 函 渠
② 継 手
③ 門 柱
④ ゲート操作台
⑤ 遮 水 壁
⑥ ゲ ー ト
⑦ 胸 壁
⑧ 翼 壁
⑨ 水 叩 き
⑩ 管 理 橋
⑪ 遮 水 工

(側面図)
(平面図)
(正面図)

**図4.1 樋門各部の名称**[1]

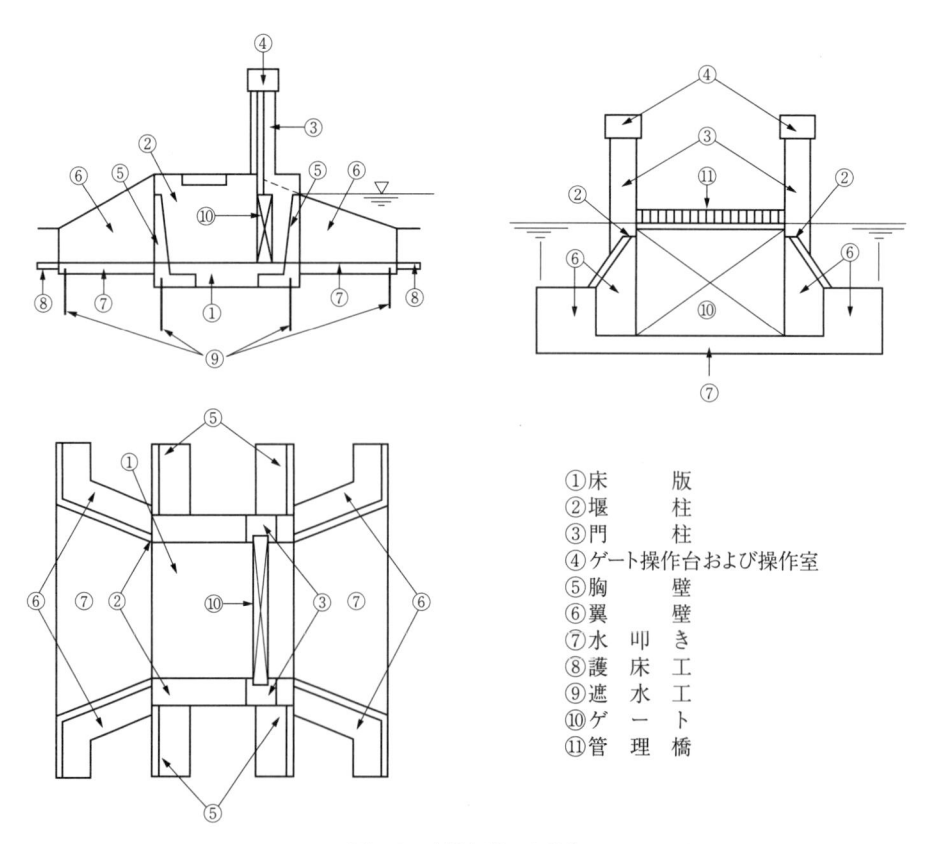

① 床 版
② 堰 柱
③ 門 柱
④ ゲート操作台および操作室
⑤ 胸 壁
⑥ 翼 壁
⑦ 水 叩 き
⑧ 護 床 工
⑨ 遮 水 工
⑩ ゲ ー ト
⑪ 管 理 橋

**図4.2 水門各部の名称**[1]

め遮水工が設置される．

なお，樋門の基礎は平成10年以降，杭支持方式をとりやめ，原則，直接基礎等の柔構造にすることとされた．

## 4.2 損傷・劣化の実態

### 4.2.1 損傷・劣化の概要

樋門・水門の損傷・劣化は，コンクリートの劣化など老朽化によるもののほか，構造物周辺や高水敷から低水路への落込みなどによる洪水流の加速や乱れによって，護岸近くでは局所的な洗掘も発生しやすく，根固め工，基礎工の根浮き，沈下流失，護岸のずれ，損傷，倒壊など，堤体の侵食や川表のすべりなどが発生しやすい．

また，特に樋門・水門に見られる損傷・劣化として，地盤沈下による構造物の沈下，変形が多い．特に杭基礎の場合，地盤の沈下によって構造物を支持しきれず，函体クラックや不同沈下，継手の開きなどが発生し，樋門・水門内に水や泥土が堆積するとともに，堤体に対して抜け上がり[注1]が生じる．こうした現象が進行すれば，樋門による排水・取水等が困難になり，樋門・水門としての機能が失われる．また，樋門・水門周辺に水みちが形成され，出水時に漏水等が発生し，堤防としての安全性が低下する事例も多い．

構造物周辺堤防の抜け上がりや陥没，クラックなどの変状発生や水みちの形成には種々の要因が関係するが，樋門・水門に加わる外力とそれによって発生する変状の関係は以下のように整理することができる．

① 堤防荷重による基礎地盤圧密沈下，および広域地盤沈下による基礎地盤の沈下
・函体継手の開きが発生することによる止水性の劣化
・支持杭による場合，抜け上がりにより直下に空洞形成
・摩擦杭，直接基礎の場合，函体の不同沈下により函体に亀裂等損傷．また，全体が沈下する場合は，泥土堆積，断面不足
② 外水位の変動（高水繰返し，感潮河川やダム・水門の下流）
・函体沿いの土砂が流失し，空隙・ゆるみ・水みちを形成
・止水矢板の迂回水みちが形成され，直下空洞が連結
③ 構造材料の不良あるいは劣化
・材料の貧配合，ジャンカ等による壁体の遮水性欠損による函内外の漏水
・中性化，応力による材料劣化によるはげ落ち，クラックさらには函体折損
④ 地震力
・地震動による本体，門柱，継手部等の損傷

---

注1) 杭基礎の樋門・水門は周辺堤防の沈下に追随できないため，あたかも樋門や水門箇所が抜け上がったような現象をいう．特に昭和40年後半から平成初期にかけて採用された長尺支持杭の場合に抜け上がりが大きい．

① 樋門設置直後

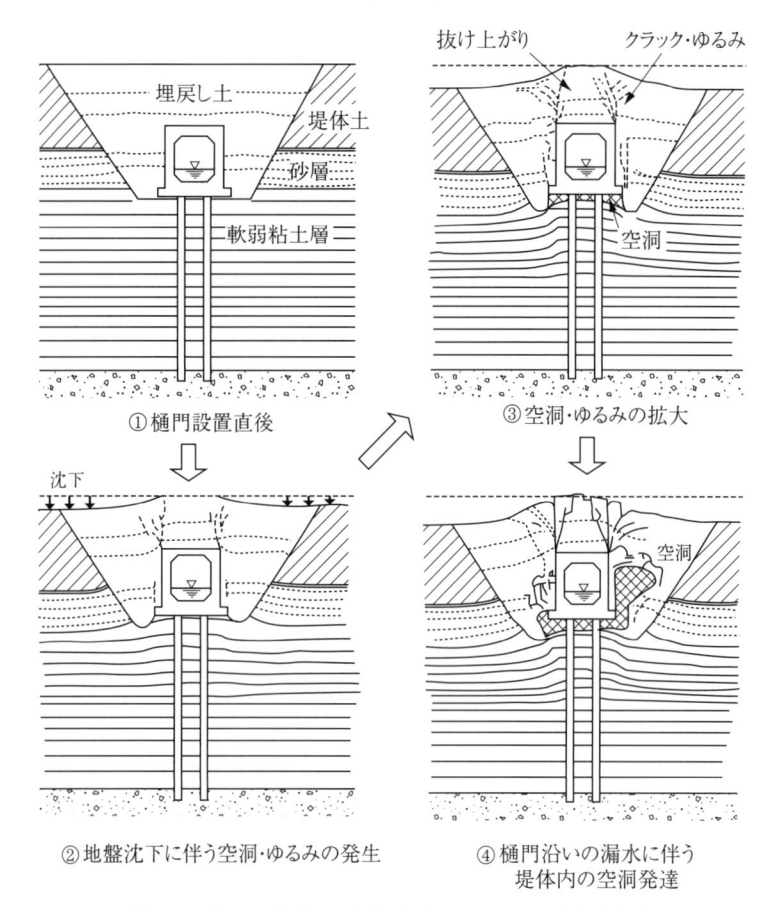

② 地盤沈下に伴う空洞・ゆるみの発生

③ 空洞・ゆるみの拡大

④ 樋門沿いの漏水に伴う堤体内の空洞発達

図 4.3　樋門の抜け上がりと空洞・クラックの発生過程[2]

写真 4.1　抜け上がりの例

**写真 4.2** 空洞の例（底版下部）

・函体直下や近傍の砂層の液状化による函体の変位，損傷
⑤ 交通（自動車交通，水上交通）
・交通荷重による函体損傷
・船舶の衝突等

以下，全国的に設置数が多く，目視もむずかしい樋門に関する現象を中心に記述する．

堤防の安全性にかかわるような構造物沿いの漏水をもたらすものとして最もよく見られるものは，**図 4.3**，**写真 4.1** に示すような支持杭基礎の場合の抜け上がりによる底版下の空洞発生（**写真 4.2**）である[2]．すなわち，軟弱地盤上に杭によって支持された樋門・水門では，周辺地盤の圧密沈下に伴って底版直下に空洞が形成されやすく，また埋戻し土の内部にクラックやゆるみ域が生じることや，堤防天端には段差やクラックが形成されることが多い．底版下の空洞が水みちとなって顕著な漏水が生じるような場合には，矢板の側方や下端を迂回する水が土を侵食し，堤体内にも空洞ができることがある．

このような現象が樋門・水門に沿って連続すると，**図 4.4** に示すような川表から川裏に通じる漏水経路（水みち）が形成され（**写真 4.3**），これが原因となって破堤に至る場合がある．

### 4.2.2 樋門・水門周辺の空洞化と被害の事例
#### (1) A 樋 門

本樋門は，昭和 53 年に既設の水路を改修する形で建設されたものであり，施工記録によると建設後 2 度にわたって 1 m 程度の堤防嵩上げが行われている．このため，堤外地側における樋門胸壁と護岸コンクリートの突合せ部には，2～5 cm の開口と 20～25 cm に及ぶ抜け上がりが発生しており（**写真 4.4**），平成 9 年 7 月に総雨量 327 mm の降雨が記録された直後には，河川水位の上昇

86　4章　樋門・水門

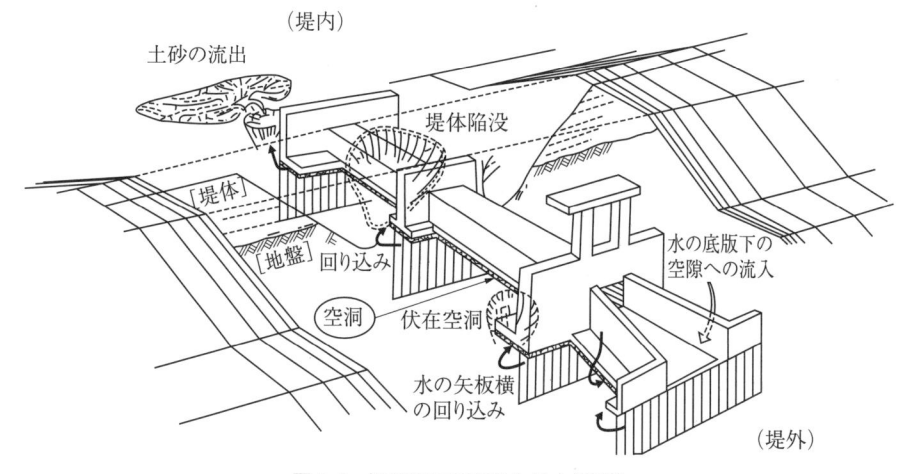

図 4.4　樋門周辺の変状と漏水経路[2]

写真 4.3　樋門周辺漏水の例

写真 4.4　樋門の抜け上がり状況

に伴って堤内地側胸壁と翼壁の間の盛土部から，約 3 m³/min に及ぶ漏水が発生した．

漏水原因解明のため開削を伴う調査が行われた．調査の結果，樋門底版下に厚さ 50 cm 以上の空洞が連続して存在するとともに，堤外地側胸壁下の遮水矢板が約 2 m にわたって脱落していることが判明した．

### （2） B 樋 門

本樋門は，昭和 47 年 3 月に設置された．設置直後から昭和 55 年にかけて周辺堤防を段階的に築堤した結果，底版下に抜け上がりに伴う空洞が発生し，昭和 56 年に空洞充填を行った．その後，昭和 58 年に着色セメントを注入した後開削調査を行った．図 4.5 は，その際のスケッチであり，以前のグラウトの下に新たな空洞が発生し，着色セメントが充填された様子が認められる．

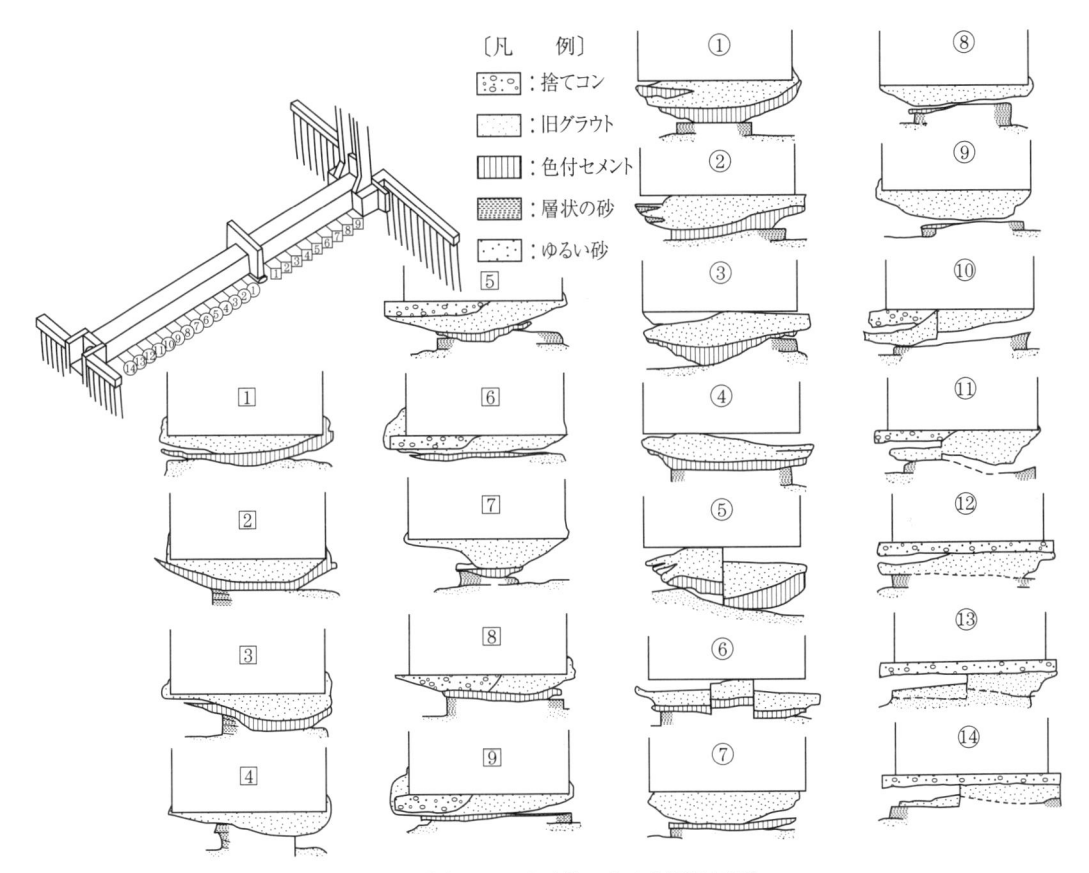

図 4.5　着色セメント充填による空洞調査例[3]

### （3） C 水 門

（a）水 防 活 動

洪水中水門の左側，本川堤防の川裏側で，翼壁と擁壁のジョイントに開口部が幅 20〜30 cm 生じ，水が噴出しているのが発見された．

この対策として，川表にシート張りを行うとともに土のうの投入を行い，止水に努めたが，その

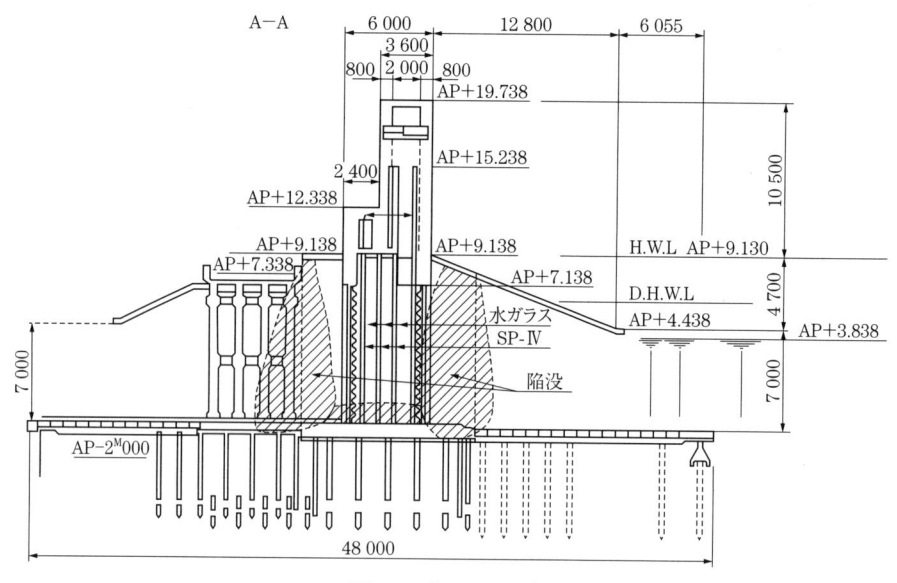

図 4.6 復旧断面図[4]

途中で川表堤防のり面が幅2m，長さ5m陥没し，次いで川裏側ジョイント部漏水流出口付近の堤防のり面が幅1m，長さ2m陥没し，これらにも土のうを投入した．投入した土のうは，川表翼壁前面5000袋，川表堤体陥没部に2000袋，川裏堤体陥没部に500袋，合計7500袋に及び，漏水を止めるとともに破堤の防止を図った．

（b）緊急復旧

漏水は，出水後の調査で，門柱およびそれに接続する壁と堤体の間を通っているので，この水みちを遮断することが最も重要とされた．そのため門柱に鋼矢板を突合せて4列打込み，各列を横に継いで箱形とし，その矢板間に水ガラスグラウトの薬液を注入，矢板の接点および門柱に接する面の止水を図った．

また，漏水の原因となった構造物ジョイントの開き部の流入口および流出口に対しては，水中部は水中コンクリートにより閉塞するとともに，水面より上の部分はアスファルトにより閉鎖した．

なお，本水門は復旧に当たり右岸も同様なジョイントが開いているのが確認されたため，左岸と同様の工事を実施した．

（c）本復旧工事

水門周辺の本復旧工事として，補強等と堤防護岸の施工などを行うに当たり，堤防の土質，土性を把握することを主眼にスウェーデン式貫入試験やブロックサンプリングによる土質試験を実施した．

復旧工事は，堤防のり面よりの浸透防止をはかるため，川表のり面にはコンクリート張りを行い，基礎工には鋼矢板を施工することにより堤体内の土砂の吸出し防止と堤体の安定を図り，水門床版下の空洞部分，既設の翼壁および擁壁のり面にモルタルを注入して，亀裂の防止と護岸裏の空洞部分の充填を図るものとした．

川裏については，雨水等の浸透で堤体の飽和による弱体化およびすべり等を配慮し，のり面にアスファルトで浸透防止工を行った．

なお，水防活動時に漏水防止と陥没した空洞部分に土のうを投入したが，取除きが必要となり護岸施工前に掘削し，オープンカットしたうえで撤去，土砂の投入，締固めを行い復旧した．

## 4.3 点検・維持管理

樋門・水門およびその周辺の堤防が被災した場合には，大きな災害に至るものであり，施設や周辺堤防に変状等の異常が発見された場合には，原因の究明と，同種の河川構造物の過去の被災事例を参考にして，速やかに補修，補強等の適切な措置を講じる必要がある．そのためには，設置時の基礎データ等を台帳に整理し，定期観察などによりその変状を早期に発見し，原因究明と対策を行うことにより構造物の崩壊や堤防の決壊を防ぐことが重要となる．

### 4.3.1 点検（日常）・維持管理の基本的な考え方

樋門・水門の正常な機能を確保するためには，定期的または洪水後や地震後など臨時点検を実施し，施設や周辺堤防の変状等の発見に努めることが重要である．堤防からの漏水，のりすべりや護岸の陥没，沈下，目地開口，基礎洗掘および樋門・水門本体の沈下，亀裂，継手の開きなど外観観察等から確認された場合は，周辺の空洞化も予想され，その程度を確認する調査が必要となる．

既設の樋門・水門周辺堤防に関する点検の流れを図4.7に示す．

点検には日常点検，定期点検，詳細点検，臨時点検等がある．日常点検，定期点検は維持管理において定常的に実施されるものであり，亀裂，変形，損傷等に関して，外観確認を主体とした点検である．詳細点検は，目視による点検では劣化機構や劣化の状態，性能低下の評価および判定が困難な場合や損傷，劣化による性能低下が顕著な場合において補修，補強を目的として詳細資料を得るために行うものである．また，臨時点検は地震や洪水などの異常事態が発生した場合に実施するもので，施設の被災状況で損傷状況を把握し，対策の要否を判定することを目的とする．

ここでは，主として樋門について記述する．

まず，既存資料を基に構造物の諸元や被災履歴，工事記録などを整理し，重要点検箇所台帳を作成する．次に現地において構造物とその周辺の変状を調査し（外観調査），構造物ごとに構造物周辺堤防の安全性の一次評価（診断）を行って対応を判断する．ここで詳細な調査が必要と判断された構造物周辺堤防については，必要に応じて連通試験などを内容とする詳細な調査を実施したうえで安全性の二次評価（診断）を行い，対応（処置判断）を決定する．連通試験については，4.4.2に詳述している．

胸壁，翼壁および水叩きは，本体の上下流側に設置して本体による堤防の弱体化を防止するものであり，水叩きと床版の継手は，現河床とのすりつけとして不同沈下に対応する部分であるが，損傷して水密性を損ねることがあるので，巡視時や点検時に十分注意する．

これらの点検結果を元に，構造物の健全度を診断し，補強・補修計画，モニタリング計画を作成

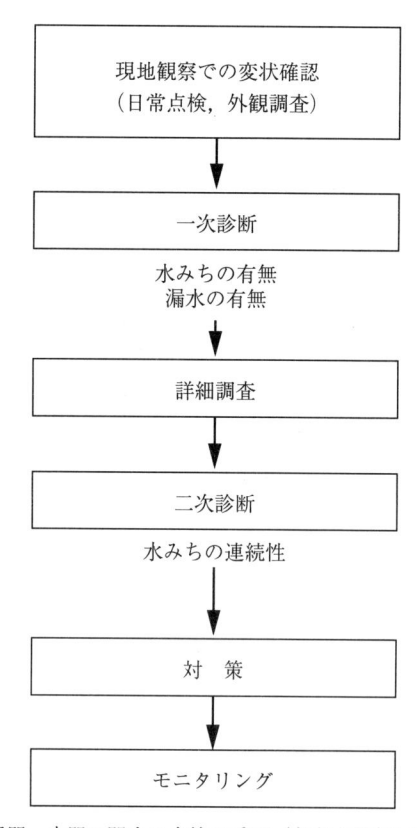

```
       ┌─────────────────────┐
       │  現地観察での変状確認  │
       │ （日常点検，外観調査） │
       └──────────┬──────────┘
                  ↓
       ┌─────────────────────┐
       │       一次診断       │
       └──────────┬──────────┘
              水みちの有無
              漏水の有無
                  ↓
       ┌─────────────────────┐
       │       詳細調査       │
       └──────────┬──────────┘
                  ↓
       ┌─────────────────────┐
       │       二次診断       │
       └──────────┬──────────┘
              水みちの連続性
                  ↓
       ┌─────────────────────┐
       │       対　策        │
       └──────────┬──────────┘
                  ↓
       ┌─────────────────────┐
       │     モニタリング     │
       └─────────────────────┘
```

**図 4.7** 樋門・水門に関する点検の手順（参考文献[5]をもとに作成）

する．

　また，逆流の防止機能に対しては，直接的にはゲートで行うのでゲートの管理が重要であるが，土木施設としてはゲートの開閉が正常に行え，カーテンウォール部でも水密性が確保された状態を保全しておく必要がある．用排水や流水の流下機能に支障のないよう，土砂やごみ等の堆積，本体等の沈下や変形に注意し，巡視や点検を行うことが肝要である．なお，ゲート周辺に土砂やごみ等が堆積している場合は，ゲートの不完全閉塞の原因となるので，ただちに撤去する必要がある．これらについては，3章において詳述している．

### 4.3.2　点検と点検結果の整理

　毎年定期的に施設の高さを測定し，その変状を把握するとともに，破損や崩壊等変状を点検し，記録を残し，変状の早期発見に努める．

　また，出水期の事前，事後および出水中の漏水などの状況の点検を実施し，その結果を記録し，整理するとともに，対策工を実施した場合は対策記録等も残す．

### 4.3.3 既存資料の整理（構造物等諸元調査）

樋門・水門の構造諸元，被災や工事の履歴等の基礎データを整理し，定期点検時等に比較を行うことにより，異常を早期に発見することが可能となるので，既存資料の整理は重要である．また，これにより，外観調査等を効率的に行うことが可能となる．この情報は，その後の改築，補強，修理などの履歴を記録するためにも台帳として定期的に更新しておく．

#### （1） 基本諸元および構造物断面

（a）基本事項

施設名，施設区分，種別，完成年月あるいは改築年月，目的，水系名，河川名，管理事務所，管理者，担当出張所，位置等について整理する．

（b）建設時の施工状況

樋門・水門周囲の空洞やゆるみの発生原因には，樋門・水門の構造形式のみでなく，建設時の施工方法が関連していることが考えられる．特に，施工基面への栗石，砕石，砂の敷きならしや埋戻し時の転圧不足などは，建設時に水みち発生の誘因となることも考えられることから，可能なかぎり建設当時の施工状況を聞き取りによって確認する．

（c）設置箇所の治水地形区分

堤防周辺での過去の漏水箇所をみると，旧河道部のような透水性地盤の存在や落堀（破堤による洗掘跡）のような地下水位が高くゆるんだ地盤の存在が漏水の原因となっていることが多く，漏水危険度を検討するうえでそのような治水地形は重要な資料である．治水地形の判読には，治水地形分類図や航空写真，旧版の地形図等を利用する．

（d）埋戻し高（樋門）

施工直後における樋門等の底版から堤防天端までの高さ，および現況堤防天端高までの高さを把握する．

（e）本体，門扉構造

本体の構造，寸法，底版厚さ，計画敷高は最も基本的な数値であり，変状程度を判断する際の基準となる．また，グラウトホールの有無を確認しておくと詳細調査計画立案に役立つ．

（f）本体基礎

底版下に空洞が発生する樋門・水門の多くは，基礎形式に支持杭を用いている場合が多い．これは，周辺地盤が沈下するのに対して，杭で支持された樋門・水門本体は沈下がほとんどないため，構造物が相対的に抜け上がることにより空洞が生ずることによるものである．樋門・水門の点検において本体基礎に関する情報は最も重要である．

本体基礎に関する情報は構造物台帳や設計図面等によって知ることができるが，樋門・水門等の改築や継足しなどが行われ，基礎形式が変更されている場合には，施工されたすべての基礎形式の内容と施工年次を把握する．

（g）遮水矢板設置箇所

遮水矢板の有無や設置範囲は，樋門・水門底版下の空洞化の推定や，その後の調査計画の検討に

きわめて重要な情報となる．遮水矢板の水平方向設置範囲は，昭和48年の通達などにより底版幅の内側とされていたが，昭和60年の「建設省河川砂防技術基準（案）設計編〔Ⅰ〕[6]」では壁体部側方に拡張することとされた．

遮水矢板の設置箇所については構造物台帳や設計図面等によって把握するが，特に，川表水叩き前面から川裏水叩き前面の間の設置箇所数が重要である．

(h) 取付け護岸

護岸の変状内容を把握するために重要な情報となる．

(i) 位置図，ボーリング柱状図

樋門・水門の変状と周辺の地形との関連を考察する際の参考となる．また，ボーリング柱状図は樋門・水門設置箇所の地盤構造を知り，変状原因を考察するための最も基本的なデータで，樋門・水門設置時のものがあれば最適であるが，ない場合には近傍の柱状図から地盤状況を類推する．

(j) 構造物縦断面図，平面図，横断面図

構造物周辺堤防の変状分布等の状況を，これらの図面を利用して整理する．改築や継足しなどが行われている場合は可能なかぎり該当する施工時の図面を入手する．

**(2) 被災および工事履歴等**

樋門・水門周囲の空洞化や水みちの連続性の状況，これによる漏水危険度などを把握するためには，樋門・水門周辺の過去の被災状況，復旧工事の内容，構造物調査の内容，応急対策の経緯などを時系列的に知る必要がある．

(a) 被災履歴

樋門・水門周辺の過去の被災状況については，洪水による高水，高潮，地震などの被災原因，漏水，クラック発生，陥没等の被災内容，および被災箇所と被災の程度を把握する．なお，現在の樋門・水門が改築後のもので，旧樋門・水門が被災している場合には，その内容を把握しておくことも重要である．

(b) 応急対策記録

河川構造物は，堤防との不同沈下による空洞化や応力の集中等によるクラックの発生などにより，さまざまな変状に応じた施設関連の応急対策が行われている．それらは一般的に次のように分類されているので，これに基づき整理する．なお，樋門・水門には，一般的に取付け水路が設置されているが，河床低下にともなう護床工の補修や護岸の洗掘，崩壊が生じており，しばしば補修・補強が行われている．

対策A；床止め，堰，水門，樋管，橋梁等の条件護岸・管理橋の設置，操作台の嵩上げ，ゲートの開閉の確実化

対策B；横断構造物周辺の不同沈下に起因した堤体の空洞化対策（グラウト，管体補強等）

対策C；小口径断面樋管の管体にクラック等がある場合，クラックにより管体外部の堤体土砂が吸い出され，堤体の空洞化が発生し，またはおそれがあるための対策（グラウト，管体補強等）

対策D；浸透路長確保の浸透対策（遮水矢板等）
対策E；出水時の施設改善対策（閉門不能，ローラ回転確認，上屋，照明設備等）

(c) 工事履歴

工事履歴の把握に際しては，樋門・水門設置前からの築堤履歴を明らかにすることが，樋門・水門の抜け上がりに直結する盛土による圧密沈下の進行を推定する上で重要である．したがって，工事履歴は樋門・水門の工事のみでなく，周辺堤防の築堤開始からの履歴も把握しておくことが望ましい．

工事の内容は，樋門・水門に関する工事と周辺堤防に関するものに分け，前者についてはグラウト充填，修復整形，護岸張替え，矢板打設等の位置や数量を，後者については嵩上げ，腹付け，堤内地盛土等の位置や規模を把握する．

(d) 構造物調査記録

構造物調査は抜け上がり，陥没など，何らかの変状発生時に，変状原因の究明と対策工検討を目的として行われることが多いことから，現況の樋門・水門の変状実態を把握するための資料として重要である．

(3) 樋門・水門完成後の洪水，沈下および水防記録

(a) 既往外力

構造物の受けた既往外力の大きさや継続時間の履歴を知ることは，将来の被災予測の重要な参考資料となる．ただし，構造物周囲の変状は進行性であることから，必ずしも既往最大外力までは安全とはいえないことに注意する必要がある．

(b) 沈下記録

地下水採取等に起因する広域地盤沈下量と堤防天端沈下量を比較することにより，築堤に起因する沈下量とその進行状況を把握する．

(c) 水防点検記録

樋門・水門周辺での，主に漏水に関する危険箇所を確認するために，水防計画書などから把握する．

また，以下の資料をあらかじめ収集しておくと，整理が効率的となる．

・構造物台帳（出水期前，出水後の点検記録）
・治水地形分類図
・空中写真（洪水時）
・応急対策記録
・工事箇所位置図および工事報告書
・堤防概略点検結果および詳細点検結果
・河川管内図
・河川地形図
・ボーリング柱状図

・地盤沈下資料（広域地盤沈下資料，堤防縦横断測量結果）
・水防計画書
・構造物調査報告書
・漏水等被災調査報告書
・対策工図面
・年最高水位

### 4.3.4 外観調査

　構造物，堤体および護岸の変状を外部から観察することにより，樋門・水門周辺の空洞やゆるみの有無などを確認あるいは推定する．

　観察には現地での目視観察，鋼棒などによる簡易貫入およびスケールなどによる簡易測定によるものがある．特徴的な箇所については，写真を撮影するとともにスケッチなどとして記録するとよい．なお，洪水時の空中（航空）写真による本川と水路の水色の判読も有効な方法である．

　観察は構造物，堤体および護岸のそれぞれについて行うこととなる．

　なお，近年軟弱地盤上の樋門については，その挙動を周辺の堤体の挙動に合致させるよう，柔構造樋門として設計することとしている．柔構造樋門は函軸方向の地盤の沈下・変位に追随できるように，沈下量を大きく許容しているととともに，函軸方向のたわみ性を主に継手の変形性能に期待している．このため，特に継手部の変位量に特に注意し，管理値内であるか把握しておく必要がある．管理値を超えた場合は適切な対策を講じなければならない．

#### （1） 構造物の観察

構造物に関する観察項目には以下のようなものがある．

・函内空断面に対する常時水位の高さ
・門柱の傾倒やクラック（開きが5mm以上あると表面クラックがコンクリート断面全体に及ぶ），継手の開き（7mmを超えると止水板が裂けて水や土砂が流入するようになる）
・構造物本体（函渠や胸壁，門柱）各部の接合部，および函渠と翼壁・水叩きとの接合部の開き，段差，エラスタイト（壁体と継手部の目地）と止水板の変状

なお，門柱等の銘板記載内容を必ず確認する．

#### （2） 堤体の観察

堤体に関する観察項目には以下のようなものがある．

・構造物直上堤体の段差（抜け上がり．抜け上がり量が20 cm以上になると函体周辺に空洞が発生している可能性が高い）
・堤体のクラックやゆるみ（鋼棒などによる簡易貫入を行うと参考になる）
・堤内地側のり尻や構造物との隙間からの漏水およびその痕跡
・植生の変化状況
・洪水時の空中写真での堤内地側水路と本川の水色比較（濁水の有無）

## (3) 護岸の観察

護岸に関する観察項目には以下のようなものがある．

- ・構造物直上の護岸の抜け上がりやクラック，構造物本体と護岸ブロックとの段差（後者は門柱に残る護岸ブロックの目地モルタル付着跡として確認される場合がある）
- ・のり覆工の不陸，ブロックの開き，ブロックの目地材の逸失，クラック
- ・植生の変化状況

その他，機場周辺，機場上屋，吐出水槽周辺地盤の沈下についても観察する．土およびコンクリート部における変位や変形が認められる場合は，その位置，広がり，動きの方向，量などをスケールなどによって簡易に測定するとともに，その後の観察のためにマーキングする．

図4.8，写真4.5～写真4.7に，目視観察できる事象の見取り図および例を示す．

なお，構造物周辺の堤防の変状と外観には，次のような関連性があるので，外観観察の際に参考にするとよい

① 構造物周辺の広域地盤沈下

施工直後の函内水位が低い場合で，現況の函内の常時水位が函内に立ち入ることが困難なほど高い場合には，構造物周辺の広域地盤沈下が進行していることが推定される．

② 底版下のゆるみや空洞化

構造物直上の堤体の明確な抜け上がり，護岸ブロックに対する門柱や胸壁の抜け当たり，およびその痕跡などが見られる場合には，底版下に空洞が生じていることが推定される．

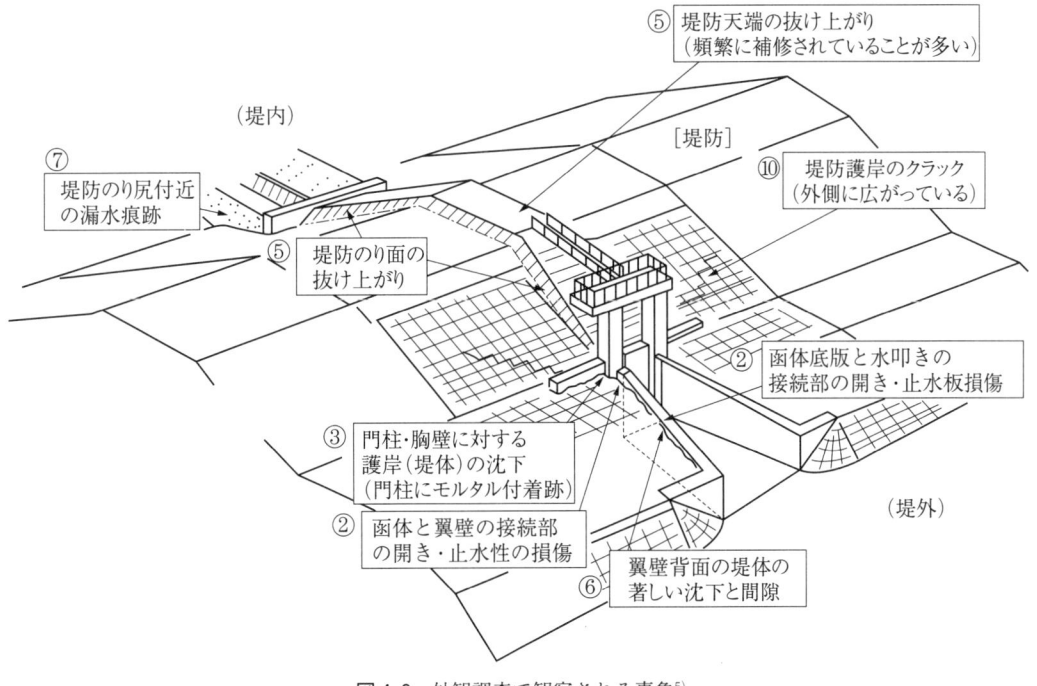

図4.8 外観調査で観察される事象[5]

写真 4.5 護岸のクラック

写真 4.6 護岸のずれ

　また，函渠と翼壁・水叩きとの接合部の開きや段差，エラスタイトのはく離，止水板の伸張や断裂，門柱の傾倒，クラックなどが見られる場合は，構造物の不同沈下や沈下に伴う底版下の部分的なゆるみなどが推定される．

　　③　堤体内部および護岸背後の空洞化やゆるみ，水みちの形成など

**写真 4.7** 抜け上がり

　堤防裏のり尻や構造物との隙間から漏水やその痕跡が認められる場合は，堤体内部にゆるみや水みちが存在することが推定される．また，そのような場合には，洪水時の空中写真から河川水と同じ色の濁水が堤内地側水路に見られることもあり，出水時の観察が有効である．

　鋼棒などによる簡易貫入によって周囲の堤体より著しく貫入の容易な部分がある場合は，堤体内部に空洞やゆるんだ部分が形成されていると考えられるが，このような場合には，表面に顕著な変状として現れないこともある．また，堤体の植生状況の差異として現れることもあり，目視観察により判読できることがある．

　護岸のり覆工の不陸，ブロックの目地切れや開き，さらにそこからの水や土砂の流出が見られる場合には，護岸背後に空洞が存在することが推定される．また，護岸ブロックの目地などに亀裂を生じている場合は，護岸のり覆工に部分的に植生が見られることがある．

## 4.4 損傷・劣化の調査・診断

### 4.4.1 損傷・劣化の診断の基本的な考え方

　これまで述べたように，樋門・水門の損傷，劣化には，コンクリート部材の腐食等による劣化によるもの，護岸近くでの局所的な洗掘等によるもののほか，地盤沈下による構造物の沈下，変形が多い．

　コンクリート構造の劣化，強度等の調査は，コア採取や非破壊検査等のさまざまな方法があり，目的に応じ実施する．

　河川管理施設としては，地盤沈下による構造物周辺の水みちの把握が重要であり，以下，これらを中心に述べる．

　構造物周辺堤防の浸透に対する安全性は，堤防および構造物の諸元，被災の履歴，外観および函内の状況，連通試験結果等を総合的に判断して評価する．

しかしながら，構造物周辺堤防の変状の発生機構およびこれに伴う漏水現象の細部が解明されているわけではない．これは，対象としている構造物が堤防内部にあり，目視による観察が困難なことも一因となっている．このことは，構造物周辺の堤防では，水理学的，土質工学的な知見に基づく定量的な安全性の照査が困難なことを示している．

また，構造物周辺堤防の浸透に対する安全性は，堤体および基礎地盤の条件と構造物そのものの基礎形式や構造形式（遮水矢板の側方張出しの有無，矢板と底版との結合方法など）等の諸条件によっても左右される．すなわち，周辺堤防の沈下，変状の進み方や空洞，水みちの発生とその進行性は個々の構造物と設置場の条件によって異なる．このような特徴を有する構造物周辺堤防の安全性の評価と必要な処置等の検討は，単純にマニュアル的に行うのではなく，現場状況等を勘案し，総合的な考察に基づいて実施することが重要である．

図4.9は，被災や現地調査によって得られた貴重な経験をふまえ，構造物周辺堤防の浸透に対する劣化診断の考え方の例を示したものであるが，実際には，この考え方で説明できない被害や漏水メカニズムがありうる．また，判断の基準も構造物設置箇所の特性によって異なる．それらの点を考慮して，個別の樋門・水門等構造物の周辺堤防にかかわる資料を十分に吟味し，現場状況に合わせて土質工学，水理学の理論的推定に基づく総合的な考察を行い，安全性の評価を実施する必要がある．

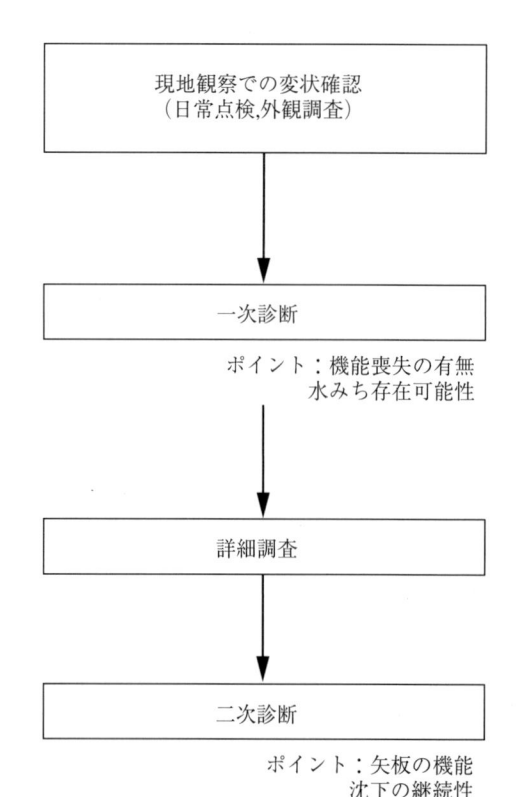

```
┌─────────────────────┐
│ 現地観察での変状確認      │
│ （日常点検,外観調査）     │
└──────────┬──────────┘
           ↓
┌─────────────────────┐
│      一次診断           │
└─────────────────────┘
       ポイント：機能喪失の有無
              水みち存在可能性
           ↓
┌─────────────────────┐
│      詳細調査           │
└─────────────────────┘
           ↓
┌─────────────────────┐
│      二次診断           │
└─────────────────────┘
       ポイント：矢板の機能
              沈下の継続性
```

図4.9 一般的な診断の流れ（参考文献5)をもとに作成）

### 4.4.2 変状調査（詳細点検）
#### （1） 函内観察

　樋門・水門内部から構造物の全体および壁面の個々の部位の変状を観察することにより，堤体との水の出入りの有無，底版下の空洞や水みちの有無などを推定する．

　観察は目視観察および簡易測定による方法がある．函内作業が可能な大きさで，長靴で立ち入ることができる程度の水深の場合は，外観観察の際に函内に立ち入り，目視観察，スケールなどによる簡易測定が可能である．特徴的な箇所は写真を撮影するとともに，スケッチなどとして記録しておく．特に継ぎ足している場合は，弱点となっていることが多いので注意を要する．

　観察の主な項目とその方法を表4.1に示す．

表4.1　点検項目と点検方法

| 点検項目 | 点検方法 |
|---|---|
| 変状分布<br>（函体のたわみや折れ曲がり） | 目視観察，写真撮影<br>底版の水準測量，管内水深の測量 |
| ひび割れ幅 | クラックスケールなど |
| ひび割れ深さ | ノギスなど |
| はく離・はく落，ジャンカ<br>（古いものでは，アルカリ骨材反応） | 目視観察，打音法 |
| コンクリート強度（軟質化） | コア採取法 |
| | シュミットハンマー法 |
| 中性化深さ | フェノールフタレイン法 |
| 鋼材腐食 | さび汁観察 |
| | はつり出し |
| 継手部の開き<br>および水や土砂の函内への流出状況 | 目視観察，ノギス |
| エラスタイトおよび止水板の変状 | 目視観察 |

　点検結果から，鉄筋コンクリート部材の健全性を評価する手法に関しては，文献7）～8）等が参考になる．

　これらの観察によって変位や変形が認められる場合は，その位置，広がり，動きの方向，量などをスケールや水準測量などによって測定する．

　図4.10には，函内で観察される事象の見取り図を示す．

　なお，構造物周辺の堤防の変状と函内状況には次のような関連性があるので，函内観察の際の参考とするとよい．

　・構造物の不同沈下
　　函内の見通しや水準測量によって，函体のたわみや折れ曲がりによるクラックが認められる場合には，不同沈下が生じていることが推定されている．
　・構造物周辺の地盤のゆるみ

100　　4章　樋門・水門

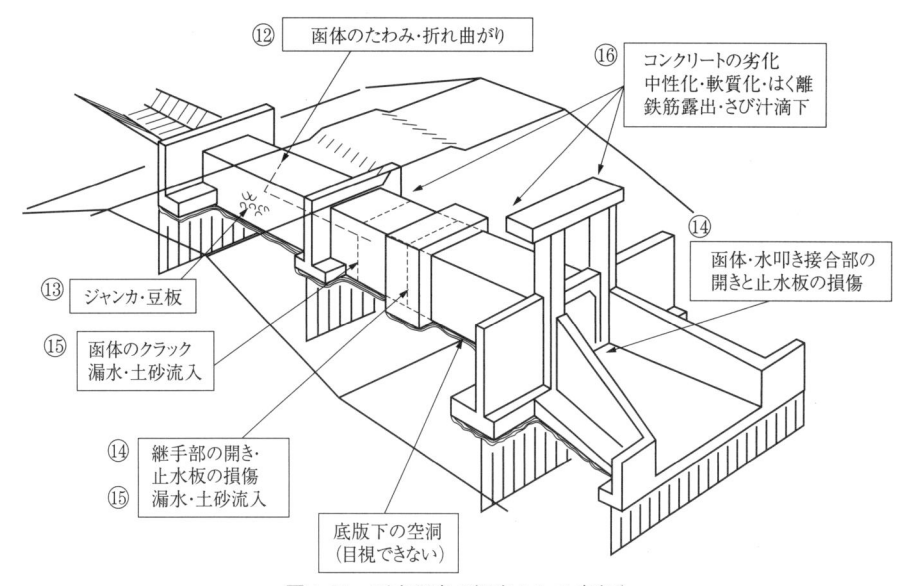

⑫ 函体のたわみ・折れ曲がり
⑯ コンクリートの劣化
中性化・軟質化・はく離
鉄筋露出・さび汁滴下
⑬ ジャンカ・豆板
⑭ 函体・水叩き接合部の開きと止水板の損傷
⑮ 函体のクラック
漏水・土砂流入
⑭ 継手部の開き・止水板の損傷
⑮ 漏水・土砂流入
底版下の空洞（目視できない）

図4.10　函内調査で観察される事象[5]

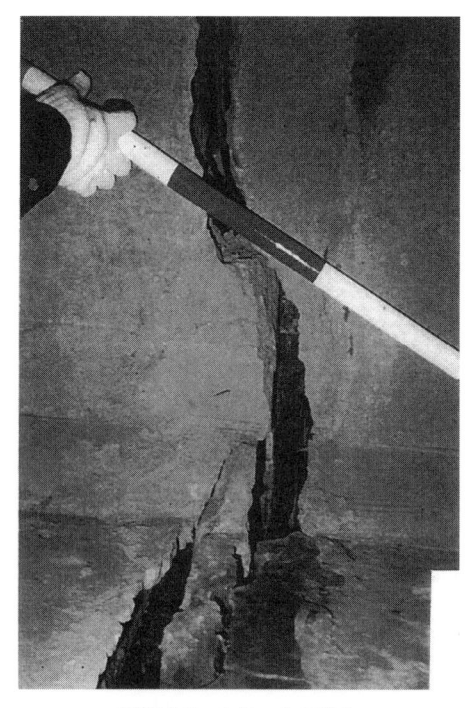

写真4.8　継手の開き　　　　　写真4.9　クラックの発生

継手部の数cm以上の開き，エラスタイトのはく離，止水板の伸張や断裂が見られる場合には，構造物周辺の地盤にゆるみがあることが推定される．

・構造物自体の劣化

壁面がはく離していたり，軟質化，さび汁流出，鉄筋露出等が見られる場合，また，フェノールフタレインを吹き付けると白色化が見られる場合（コンクリートの中性化を示す）には，構造物自体の劣化が進行していることが推定される．

・構造物に沿った水みちの形成等

壁面のジャンカや継手部の開きから水や土砂が流出している場合は，構造物に沿って堤体内部に水みちが形成されていることが推定される．

なお，周辺の全体沈下が進行している場合は，敷高が計画敷高と比較して明らかに低下していることがあり，水準測量によって確認できる．

### （2） 連通試験

（a） 連通試験の計画

外観調査，函内調査などの結果，函体周辺に空洞の存在が予見された場合は，空洞の存在および分布状況について，調査を行う必要がある．

樋門・水門の直下に生じる空洞の存在自体は，構造物の抜け上がりなどの変状の有無や底版の削孔によって，その可能性を推定することができるが，空洞の連続性，特に矢板を挟む水みちの連続性までは確認できない．これに対し，矢板を挟んで削孔した2孔のうち1孔に注水を行い，その水圧変動が他孔にどのように及ぶかを測定して水みちとしてのつながりを把握するという連通試験がある．連通試験は，試験孔の配置や注水方法，さらには試験結果の解釈に当たって十分な知識と試験を必要とする．

（b） 連通試験の原理

構造物周囲の地盤あるいは堤体内の浸透流は，水が土粒子の間隙を移動するために一般にきわめて緩慢である．しかし，空洞があるとその区間内の水圧の変動はほとんど同時に起こり，あるいはタイムラグなく流動を生じる．このように，土の浸透によらずに空洞を通してつながる状態を「連通」と呼ぶ．

連通試験は，抜け上がりによる空洞の存在が考えられる構造物において，底板あるいは底板周辺の数箇所を削孔するなどして，その1孔を「注水孔」とし他孔を「測定孔」として，注水孔に注水するときのそれらの孔の水位変動あるいは水圧変動を測定して，変動量とタイムラグから空洞を通じた水みちの連続性の状況を診断するものである．図4.11は，一方の孔に圧力パルスを与えたときの他孔の応答をみる連通試験の一方法である．

（c） 連通試験の留意事項と手順

連通試験においては，常時水位より1m以内程度の水圧を作用させ，遮水矢板を挟む水みちの連続性，その他の区間での水みちの連続性を把握する．注水時間は，注水孔と測定孔の水位変動の関係が求まる範囲内とし，一定量注水時間は30分を超えない範囲とする．注水量は40ℓ/min以

102　　4章　樋門・水門

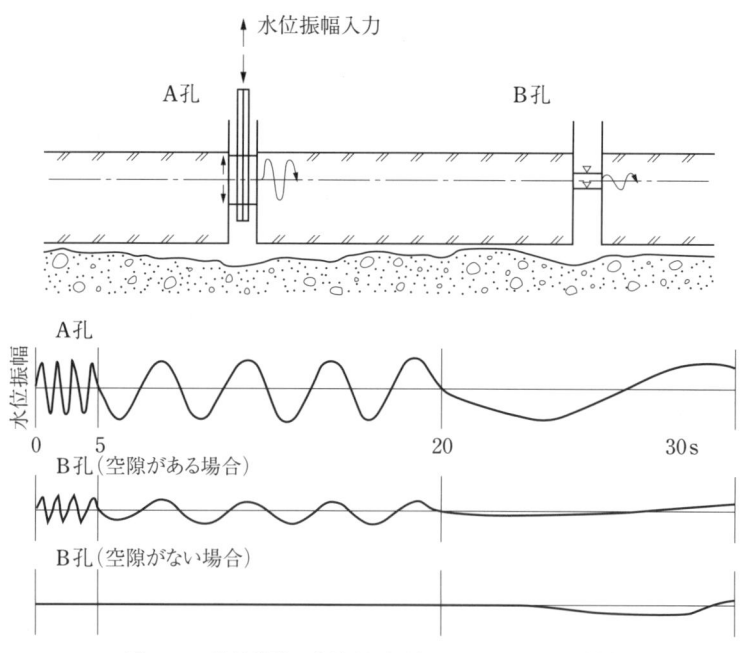

図4.11　連通試験の方法例（圧力パルスによる方法）[5]

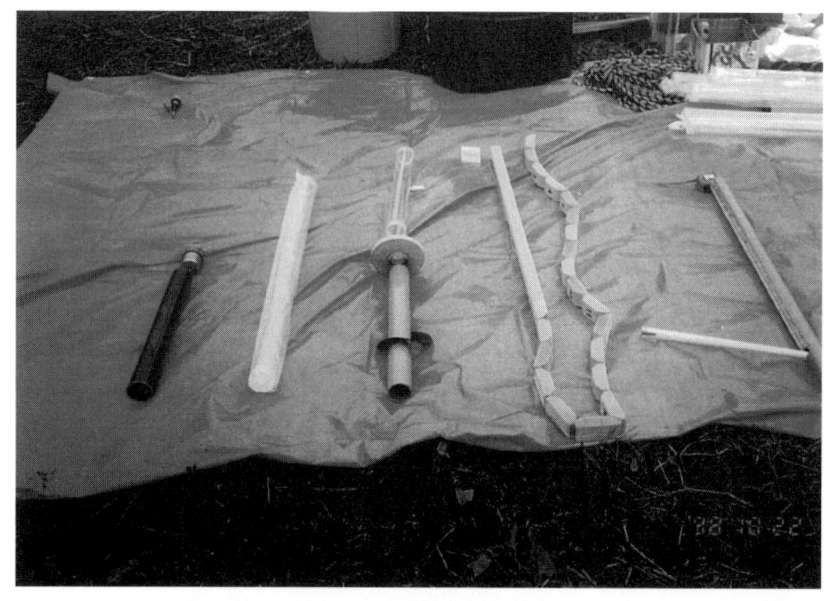

写真4.10　試験用資材の例

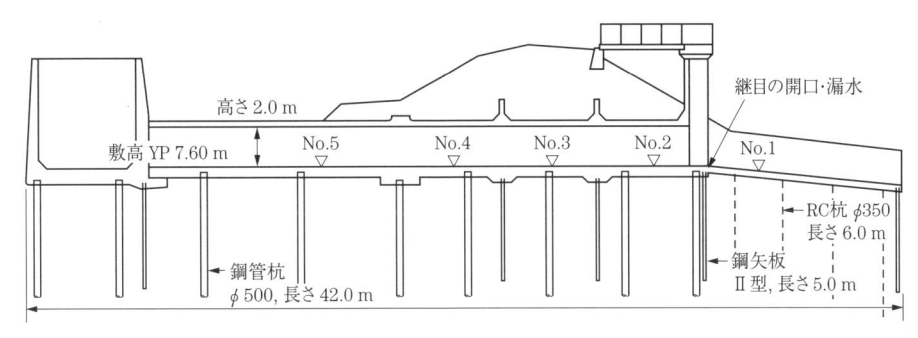

図 4.12 連通試験孔の配置例[2)]

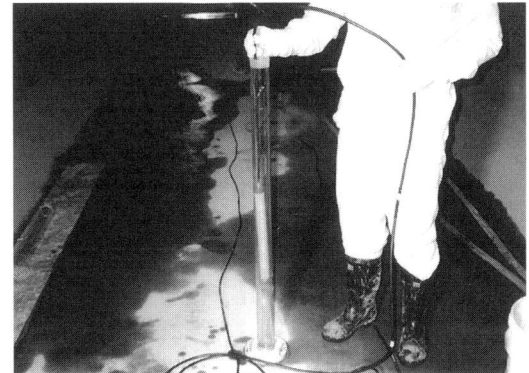

写真 4.11 連通試験のようす

内を目安とする．作用させる水圧を常時水圧より 1 m 以内としているのは，近接した孔間で，周辺に比べて非常に大きな水圧を局所的に人為的に働かせると，その周辺に地盤の浸透破壊や侵食を引き起こす，すなわち地盤を乱すおそれがあるためである．

連通試験の手順は，試験孔削孔，予備試験，本試験，結果の解釈の各段階からなる．

試験孔の配置は，図 4.12 に例示するように既設の遮水矢板を挟むように配置する．

水位の回復過程において，各孔水位が水位上昇量の 10% 程度以下まで回復するか，相互の関係が把握できた時点で試験を終了する．

また，構造物周辺の空洞は試験孔の位置に対して一様あるいは対称的な分布形状とはかぎらず，表・裏の方向に対しても水の流れやすさが異なることもあるため，注水孔と測定孔の設定を変えて繰り返す．

図 4.12 に対する試験結果の一例を図 4.13 に示す．図は，No. 2 孔に注水したときの他孔の応答を示している．ここでは，矢板を挟む No. 2 孔と No. 3 孔の間に部分的な連通性のあること，No. 3, 4, 5 の各孔は，ほとんど同一の動きを示していることなどがわかる．各孔間での試験結果を総合的に判断した結果を図 4.14 に示す．

なお，川表側に計画高水位程度の水圧を作用させて実際の洪水に近い状態とすることも考えられ

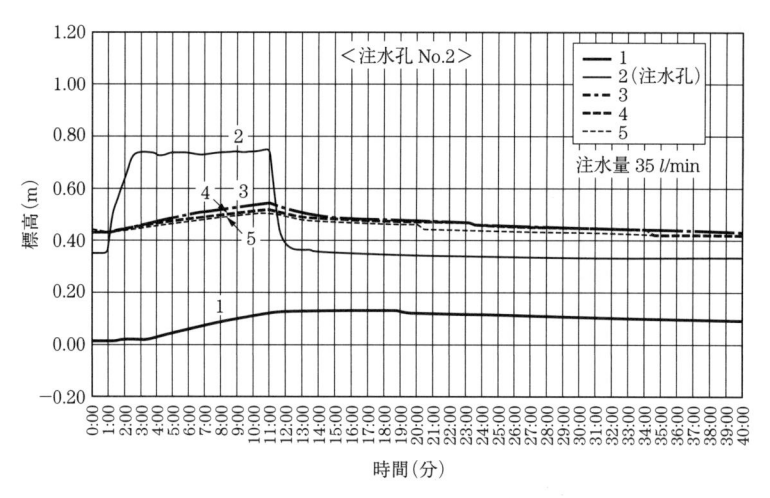

図 4.13 連通試験結果の例[2]

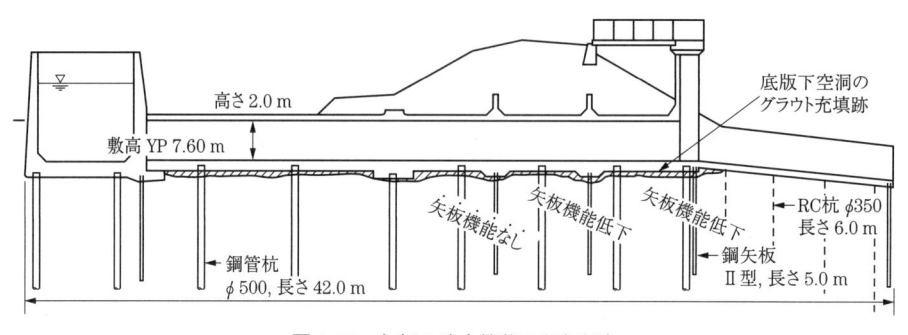

図 4.14 矢板の遮水機能の評価例[5]

るが，その場合は空洞の状況，作用する動水勾配などを十分に検討したうえで，実施の可否を決定する必要がある．

また，試験後の孔の処置として，底板下の水圧は敷高面に対して一般に被圧状態にあるので，削孔を放置してはならず，どのような場合にも孔口に丈夫なふたを設けなければならない．

堤体の上からのボーリングによって設けた孔は，原則としてグラウトなどにより完全に充填する．モニター孔として計器を設置する場合は間隙水圧計を使用し，水圧計上部の空間はグラウトなどにより完全に充填する必要がある．河川の高水時に空洞内の水圧は河川筋と同程度の高さになることがあるので，特に堤内地側の低い位置，裏小段より下，のり尻部のボーリング孔は開放状態にしてはならない．

(4) その他の調査

本体周辺の空洞化の調査の方法としては，このほか，コア抜きによって監査孔を設置する方法，斜めボーリングによる方法，電磁波探査，熱赤外線探査などの非破壊探査を利用する方法があり，現地の条件に応じて適切な方法を選定する（**写真 4.12**）．

(a) 底版のグラウト孔を活用した調査

4.4 損傷・劣化の調査・診断

**写真 4.12** ロボットカメラ

**写真 4.13** 底版のグラウト孔

あらかじめグラウト用の孔を設けてある構造物では，このふたを開けて底版下の空洞の状況を確認することができる（**写真 4.13**）．空洞状況確認に有効な方法としては，コンベックスによる測深，ファイバースコープによる観察などがある．底版下のグラウト孔を活用した調査はいずれも比較的簡便であり，底版下の空洞状況を直接的に知ることができることから，積極的に活用すべきである．なお，グラウト孔が設置されていない場合でも，前述した連通試験孔を利用して同様の観察を行うことができる（**写真 4.14・写真 4.15**）．

(b) 開削調査

開削調査は，構造物の改築や撤去時に行うことが可能であり，構造物底面より 1 m 程度下まで開削して構造物の変状，底版下の空洞の広がりなどを直接的に把握することが可能であり，変状調査として有効な方法である（**写真 4.16**）．

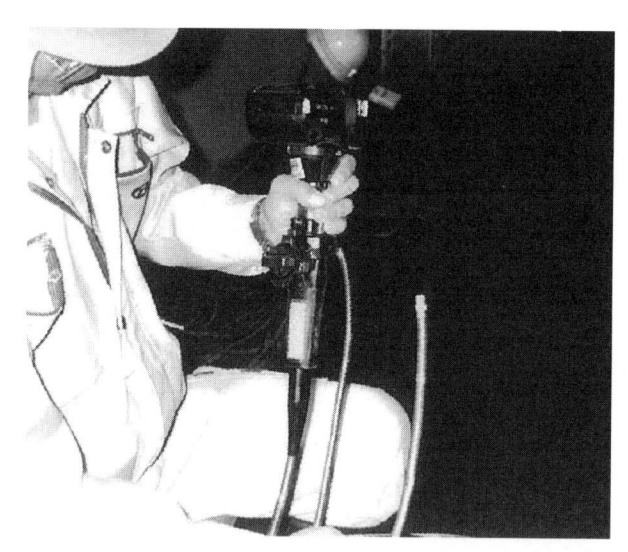

写真 4.14 ファイバースコープ

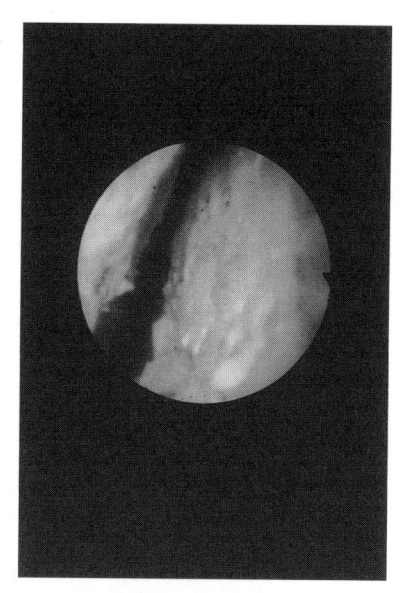

写真 4.15 観察例

写真 4.16 開削調査例

## 4.5 補修・補強手法の選定と事例

### 4.5.1 補修・補強の考え方

　樋門・水門の健全性および周辺堤防の浸透（漏水）に対する安全性が十分には確保されていないと判断された場合，補修・補強を検討する．

　樋門・水門本体（鉄筋コンクリート部材）の，土砂吸出しや水みちの発生原因となる継手部，壁

4.5 補修・補強手法の選定と事例　　　107

面の止水板の損傷，コンクリートなどの劣化による亀裂，はげ落ち，鉄筋の露出などには，それぞれ補強，補修を行う．コンクリート構造物の補修，補強の手法の選定に当たっては，変状の原因・変状の程度に応じた工法とするとともに，今後も想定される外力等の条件の変化に対しても対応できる工法を選定する．補修，補強の考え方は文献 7)〜8) 等を参照するとよい．

なお，工法選定に当たっては，部材に生じた変状の原因を把握し，今後変状が拡大するか，さらには，同様な変状のおそれがあるか否かを確認する．また，変状の原因が当初設計条件以上の外力による場合は，補修による現機能の確保のみでは不足するため，別途補強等の対策を行う．

また，空洞対策の考え方は図 4.15 に示すとおりで，グラウト充填を主体とした従来対策のみによっては連続する堤防と同程度の安全性を確保することが困難と判断された場合は，後述する抜本的な対策が必要である．

また，補修・補強工法施工後のモニタリングを併せて計画実施し，機能が発揮されているかどう

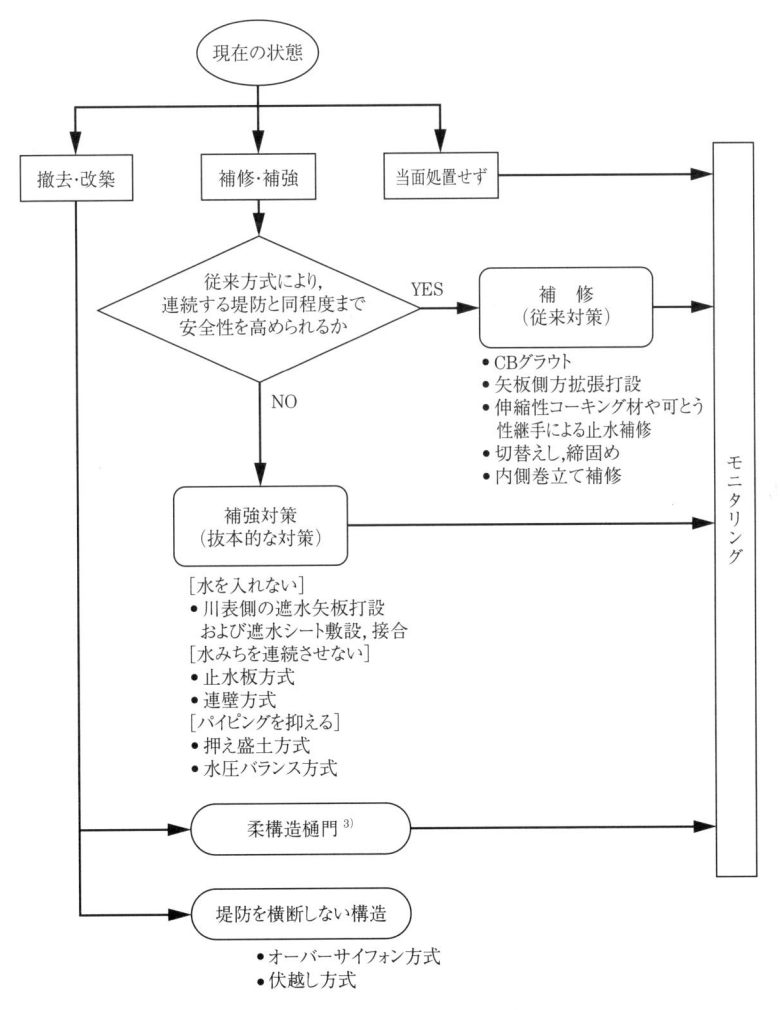

**図 4.15　空洞対策の考え方**[5]

かの確認を継続的に行い，必要に応じて対策工へフィードバックすることが重要である．

### 4.5.2 補修・補強手法の選定
#### （1） 概　　要
補修・補強手法は，漏水による被害を軽減する対策と漏水の発生そのものを防止する対策に分けられる．漏水の発生そのものを防止する対策はその目的から以下の3種に区分される．

　① 川表側での ｛水を入れない｝ 対策
　② 川裏側での ｛パイピングを押さえる｝ 対策
　③ 堤体内部での ｛水みちを連続させない｝ 対策

（a）漏水による被害を軽減する対策

漏水による被害を軽減する対策は，漏水の要因となる当面の変状等を補修，回復することにより構造物周辺堤防の安全性を確保するために行うものであり，補修対策として位置づけられる．

　1）CBグラウト注入

主に底版下の空洞の補修対策として，セメントベントナイト（CB）系グラウト材を底版あるいは地表から充填する方法である．注入による空洞拡大を防止するため，注入圧力は 0.5 kgf/cm² 以下あるいは流込みとする．注入効果は，注入完了後，検査孔に水頭圧を加えて通水性を確認する方法および検査孔で確認できる[9]（**写真 4.17**）．

**写真 4.17　グラウト充填**

グラウト充填状況

　2）可とう性継手

函体等の継手部の開口の補修対策として，可とう性止水ジョイントや止水バンドによって閉合する方法である．

　3）伸縮性樹脂注入

壁面の亀裂や目地の開きの補修対策として，伸縮性樹脂を注入する方法である．

4）矢板の打ち増し

浸透路長不足によって漏水が発生する場合の対策として，既設の遮水矢板を可とう継手を介して側方に拡張することによって浸透路長を確保する方法である．

（b）川表側での水を入れない対策

川表側での水を入れない対策としては，連続矢板打設および止水シート敷設，接合がある．これは，翼壁および水叩き前面から川表堤防のり尻部付近まで連続的に遮水矢板を打設する工法である．川表側の護岸下には止水シート等を敷設するとともに，これを胸壁，翼壁と接合し，のり面からの河川水の侵入を防止する（**写真4.18**）．

**写真4.18**　川表側での遮水の例

（c）川裏側でのパイピングを抑える対策

川裏胸壁あるいは翼壁周囲からの漏水やパイピング発生を防止するために，堤体に接して盛土をする工法である．排水機場などで樋門が暗渠になっている場合は，暗渠上部を含んで盛土する．開水路になっている場合は，水路の両側のみの盛土のみでは，水路底面への漏水危険度を増大させることになるため，いったん水路を暗渠にするなどの工夫が必要となる．また，月の輪工のように，盛土の代わりに水圧でバランスさせる方法もある．

（d）堤体内部での水みちを連続させない対策

1）止水板方式

堤防をいったん開削し，函体を取り囲むように鋼矢板あるいはシートを設置して函体沿いの浸透経路を遮断する工法である（**写真4.19・写真4.20**）．

2）連続壁方式

堤防天端から函体を取り囲むようにコンクリートあるいはセメント系改良体による遮水壁を築造する工法である．函体下部の壁構築に工夫が必要である．

（2）補修・補強手法の選定

構造物周辺堤防の安全性評価の結果が，「直ちに補強」あるいは「応急処置」のいずれの場合においても，樋門・水門底版下に空洞が確認された場合には，グラウトにより充填することが必要と

**写真 4.19** 止水板方式の例(1)

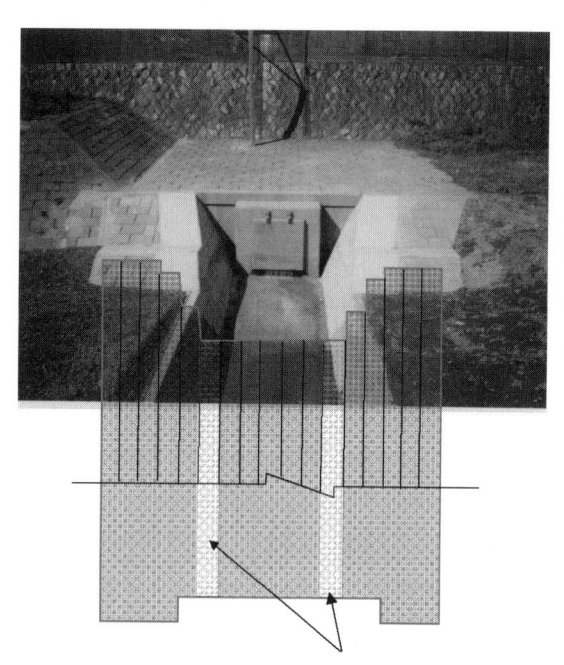

**写真 4.20** 止水板方式の例(2)

なる．グラウト充填に当たっては，適切な材料配合と施工管理が必要である．

「直ちに補強」と判断した場合は，樋門・水門の撤去や改築も視野におき，抜本的な対策について検討する．なお，対策工の選定に当たって考慮すべき一般的な事項は次のとおりである．

・特別な施工機械，材料等を必要とせず，比較的簡便に施工できること
・施工費が安価であること
・施工期間が長期とならないこと
・施工後の維持管理が容易であり，目視により監視が可能であること
・空洞化による漏水の防止だけでなく，堤防の他の機能（耐浸透機能，耐侵食機能）にも寄与

すること

(a) 樋門・水門の撤去，改築

現在の樋門・水門を設置時の目的に照らし合わせて，自然条件や社会条件の変化等により今後とも必要か否かを判断し，必要性が著しく劣る場合には，撤去することも考える．

また，今後も必要性が認められる場合にも，躯体の部材等の耐用年数あるいは劣化の程度から判断して，抜本的対策を実施するよりも経済性や維持管理等の観点から改築することが妥当と認められる場合には，柔構造樋門に改築する．

(b) 漏水の発生そのものを防止する対策の選定

対策の選定に当たっては，用地等の制約を受けず比較的簡便に施工でき，空洞化に対してのみでなく堤体への浸透に対しても効果のある水を入れない対策を優先的に考えるのがよい．

なお，対策工の選定に当たっては，堤防および樋門・水門の規模，用地幅，水位，堤体および基礎地盤の土質等の現場条件によっては，上記の考え方が当てはまらない場合もあることに留意する必要がある．

### 4.5.3 モニタリング

構造物周辺堤防は対策工施工後のモニタリングを併せて計画実施し，浸透に対する安全性を監視するとともに，必要に応じて対策工へフィードバックすることが重要である．すなわち，構造物周辺堤防に絶対的な安全性を確保することは困難であることから，モニタリングは重要である．

モニタリングは機能の維持の観点からモニタリングの項目と方法を適切に選定し，効率的に実施することが必要である．簡便な手法としては，洪水時の漏水点検のほか，堤防の抜け上がりや構造物の段差，開き等を監視するための定期測量が有効である．また，グラウトホールの活用や間隙水圧計，ひずみ計等の計測機器の活用もあり，各現場において創意工夫をすることが望まれる．

### 参 考 文 献

1) 建設省河川局監修，(社) 日本河川協会編：改訂新版　河川砂防技術基準 (案) 同解説　設計編 [I]，平成10年3月
2) 中山，金石，勝山：連通試験法を適用した樋門周辺堤防の漏水危険度の検討，河川技術に関する論文集，第6巻，2000年6月，土木学会水理委員会河川部会
3) 建設省治水課：樋門等構造物点検要領 (案)・個別要領書 (案)，平成11年
4) 建設省関東地方建設局荒川下流工事事務所：三領水門災害復旧工事関係資料，昭和58年8月
5) (財) 国土技術研究センター：河川堤防の構造検討の手引き，平成14年7月
6) 建設省河川局監修，(社) 日本河川協会編：建設省河川砂防技術基準 (案) 設計編 [I]，昭和60年10月
7) (社) 土木学会：コンクリート標準示方書 〔維持管理編〕，平成13年1月．
8) 四国地方建設局：コンクリート構造物の補修手引き (案)，平成11年3月．
9) 土木研究所資料第3333号「樋門樋管周辺の空洞探査補修技術に関する調査」(平成7年3月　建設省土木研究所材料施工部施工研究室　など)

# 5章　揚排水機場（機械設備）

## 5.1　施設の概要

　揚排水機場は，国民の生命，財産を守り，人間社会の営みと環境保全に果たす水の機能を適切なバランスの下に確保しながら，水資源の有効活用を図るといった重要な使命を担っており，運転時の高い信頼性とともに，機器の保守や維持管理をも含めた総合的な性能が重要視される．

　揚排水機場は，その目的から治水用と利水用に大別され，内水排除を目的とする排水機場，河川や湖沼の流況調節を目的とした揚水機場，およびこれらの両方の役割を兼ね備えた揚排水兼用機場がある（本章では，これらを総称して「揚排水機場」と呼ぶ）．これらは，河川管理施設等としての性格上，万一その機能が損なわれた場合には，周辺地域へ与える社会的影響が大きい．このため，河川管理施設等としての機能を正常に維持するためには，揚排水機場において設備の維持管理を適切に行うことが重要である．

### 5.1.1　機場の分類
#### （1）排水機場
（a）設置目的
　排水機場は，低地の内水域の浸水被害を軽減することを目的として設置されており，台風などの大雨の際に，堤内地の支川，放水路，各種排水路などの水をポンプにより本川へ強制的に排水するものである．

（b）機能と特徴
　排水機場は，その目的から運転は洪水時に限定されているために運転頻度は低いが，いざ運転を行う際には遅滞なく確実に始動し，排水することが使命である．また，排水機場は，種々の内外水位の条件の下で運転が行われるため，最も低い実揚程（水位差に相当）から最も高い実揚程の全運転範囲において，運転に支障のない特性を持つポンプ設備となっている．さらに，台風等の災害や落雷等による停電などが発生しても影響されることなく運転を行うことが可能な機器構成となっている．

#### （2）揚水機場
（a）設置目的
　河川に設置される施設としての揚水機場は，河川や湖沼の流況調整，河川改修による水位低下に対応して水道用水や維持用水を確保するための取水，あるいは雪捨て場や流雪溝などの消流雪設備

への取水揚水施設として設置されている．なお，河川などの水質保全を目的として，本川からの揚水による希釈浄化を行うための機場は揚水機場とほぼ同一の設備構成となるものがある．

（b）機能と特徴

揚水機場のポンプは，その目的から年間を通して運転されることから，施設は耐久性，信頼性，経済性を有することが必要であり，長時間の連続運転に伴う振動，騒音，大気汚染など周辺の環境への配慮がなされている．また，運転効率の高い設備として運転動力の低減が図られるよう考慮されるとともに需要水量の変動に円滑に効率よく追従できる制御方式が採用されている．このことから原動機は商用電源による電動機駆動になることが多い．常用の公共設備として万一の不具合発生時においても長期にわたる社会的影響を与えないことが求められることから，状況によっては予備機が設置されることもある．

（3） 揚排水兼用機場

（a）設置目的

揚排水兼用機場は，1つの施設に内水の排水機能と流況調整等の利水機能を有する多目的機場である．

排水機場としてのポンプ設備および揚水機場としてのポンプ設備は前述の施設と同一であるが，ポンプ1台に対し，原動機が電動機駆動および原動機（内燃機関－原動機）の両掛けとなることもある．

### 5.1.2 揚排水機場の構成

（1） 揚排水機場の構成

揚排水機場は，河川または水路の流水をポンプ設備によって堤防を横断して揚水または排水するために，河川または堤防の付近に設けられ，ポンプ設備，ならびに関連施設である機場上屋，機場本体，付属施設より構成される．機場は，これらが一体となってその機能が発揮されるものである．

図5.1に一般的な揚排水機場の構成を示す．

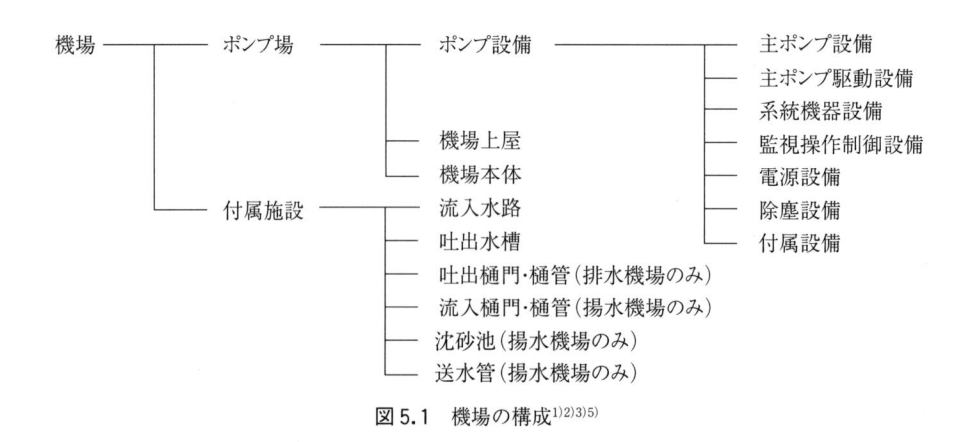

```
機場 ─┬─ ポンプ場 ─┬─ ポンプ設備 ─┬─ 主ポンプ設備
      │             │               ├─ 主ポンプ駆動設備
      │             │               ├─ 系統機器設備
      │             ├─ 機場上屋     ├─ 監視操作制御設備
      │             └─ 機場本体     ├─ 電源設備
      │                             ├─ 除塵設備
      └─ 付属施設 ─┬─ 流入水路     └─ 付属設備
                    ├─ 吐出水槽
                    ├─ 吐出樋門・樋管（排水機場のみ）
                    ├─ 流入樋門・樋管（揚水機場のみ）
                    ├─ 沈砂池（揚水機場のみ）
                    └─ 送水管（揚水機場のみ）
```

**図5.1 機場の構成**[1)2)3)5)]

5.1 施設の概要　　　115

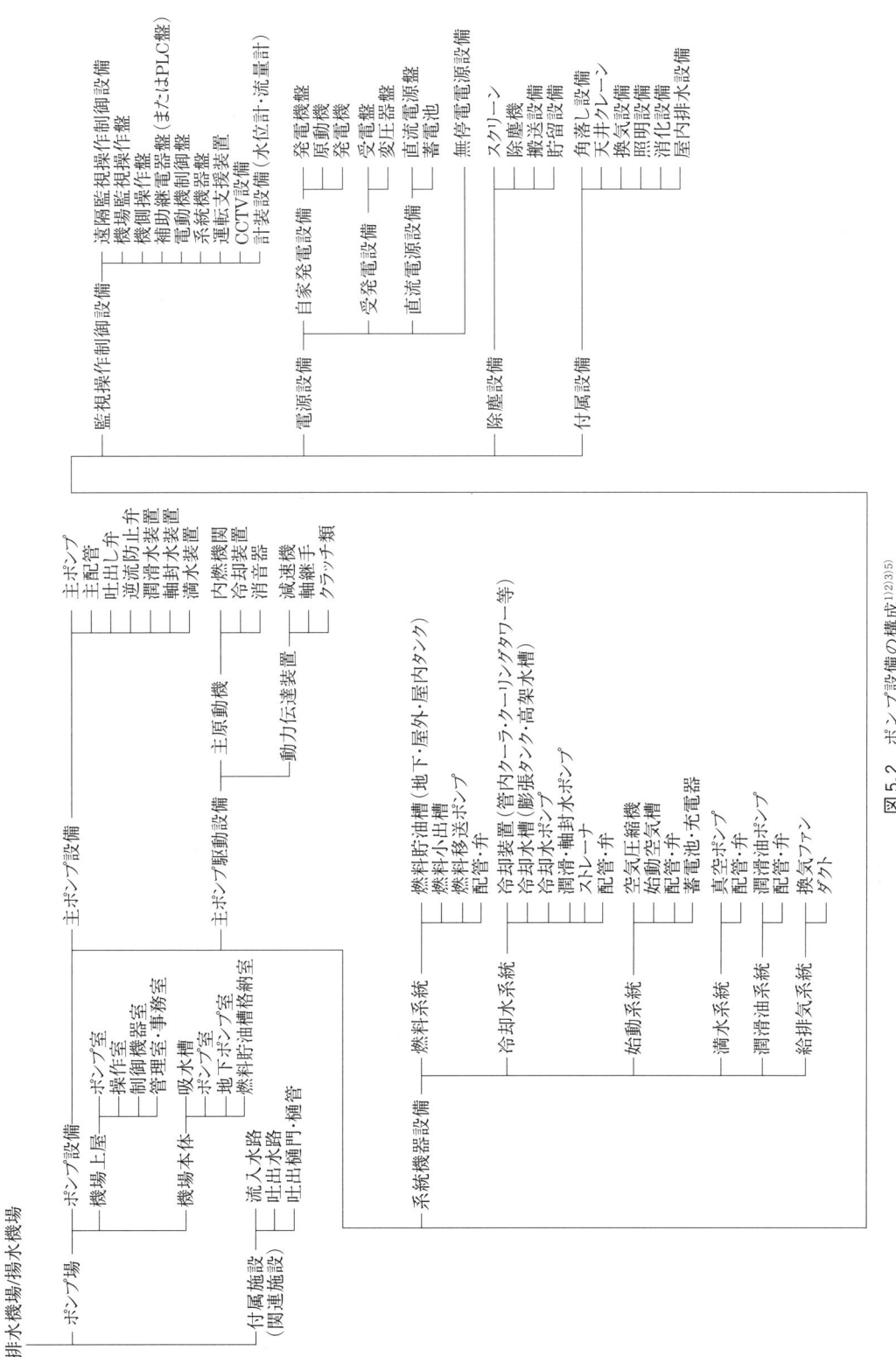

排水機場水機場
├─ ポンプ場
│   ├─ ポンプ設備
│   │   ├─ 機場上屋
│   │   │   ├─ ポンプ室
│   │   │   ├─ 操作室
│   │   │   ├─ 制御機器室
│   │   │   └─ 管理室・事務室
│   │   └─ 機場本体
│   │       ├─ 吸水槽
│   │       ├─ ポンプ室
│   │       ├─ 地下ポンプ室
│   │       └─ 燃料貯油槽格納室
│   │   ├─ 主ポンプ設備
│   │   │   ├─ 主ポンプ
│   │   │   ├─ 主配管
│   │   │   ├─ 吐出し弁
│   │   │   ├─ 逆流防止弁
│   │   │   ├─ 潤滑水装置
│   │   │   ├─ 軸封水装置
│   │   │   └─ 満水装置
│   │   └─ 主ポンプ駆動設備 ─ 主原動機
│   │       │   ├─ 内燃機関
│   │       │   ├─ 冷却装置
│   │       │   └─ 消音器
│   │       └─ 動力伝達装置
│   │           ├─ 減速機
│   │           ├─ 軸継手
│   │           └─ クラッチ類
│   │   └─ 系統機器設備
│   │       ├─ 燃料系統
│   │       │   ├─ 燃料貯油槽(地下・屋外・屋内タンク)
│   │       │   ├─ 燃料小出槽
│   │       │   ├─ 燃料移送ポンプ
│   │       │   └─ 配管・弁
│   │       ├─ 冷却水系統
│   │       │   ├─ 冷却装置(管内クーラ・クーリングタワー等)
│   │       │   ├─ 冷却水槽(膨張タンク高架水槽)
│   │       │   ├─ 冷却水ポンプ
│   │       │   ├─ 潤滑・軸封水ポンプ
│   │       │   ├─ ストレーナ
│   │       │   └─ 配管・弁
│   │       ├─ 始動系統
│   │       │   ├─ 空気圧縮機
│   │       │   ├─ 始動空気槽
│   │       │   ├─ 配管・弁
│   │       │   └─ 蓄電池・充電器
│   │       ├─ 満水系統
│   │       │   ├─ 真空ポンプ
│   │       │   └─ 配管・弁
│   │       ├─ 潤滑油系統
│   │       │   ├─ 潤滑油ポンプ
│   │       │   └─ 配管・弁
│   │       └─ 給排気系統
│   │           ├─ 換気ファン
│   │           └─ ダクト
│   ├─ 監視操作制御設備
│   │   ├─ 遠隔監視操作制御設備
│   │   ├─ 機場監視操作盤
│   │   ├─ 機側操作盤
│   │   ├─ 補助継電器盤(またはPLC盤)
│   │   ├─ 電動機制御盤
│   │   ├─ 系統機器制御盤
│   │   ├─ 運転支援装置
│   │   ├─ CCTV設備
│   │   └─ 計装設備(水位計・流量計)
│   ├─ 電源設備
│   │   ├─ 自家発電設備
│   │   │   ├─ 発電機
│   │   │   ├─ 原動機
│   │   │   └─ 発電盤
│   │   ├─ 受発電設備
│   │   │   ├─ 受電盤
│   │   │   └─ 変圧器盤
│   │   ├─ 直流電源設備
│   │   │   ├─ 直流電源盤
│   │   │   └─ 蓄電池
│   │   └─ 無停電電源設備
│   ├─ 除塵設備
│   │   ├─ スクリーン
│   │   ├─ 除塵機
│   │   ├─ 搬送設備
│   │   └─ 貯留設備
│   └─ 付属設備
│       ├─ 角落し設備
│       ├─ 天井クレーン
│       ├─ 換気設備
│       ├─ 照明設備
│       ├─ 消化設備
│       └─ 屋内排水設備
└─ 付属施設
    (関連施設)
    ├─ 流入水路
    └─ 吐出水路
        └─ 吐出樋門・樋管

図 5.2　ポンプ設備の構成[1)2)3)5)]

(2) 構成施設の役割
(a) 機場上屋

ポンプ設備を設置，収納するための建屋構造物で，ポンプ室，操作室，制御機器室，管理室，および事務室等により構成される．機場には，原則として上屋が設けられるが，救急排水ポンプ設備のように可搬式ポンプ設備を用いた機場などでは上屋が省略される．

(b) 機場本体

機場上屋の下部に設けられる土木構造物で，吸水槽，地下ポンプ室等によって構成され，原則として鉄筋コンクリート構造とし，上部荷重を安全に下方に伝達する役割を持つ．

(c) 吐出水槽

排水機場における吐出水槽は，ポンプ場と吐出樋門，樋管の間に設けられ，ポンプの始動・停止時の圧力の急激な変化を水面が上下することにより吸収して吐出樋門，樋管を保護するためのものである．

(d) 沈砂池

流水中の土砂を沈降させるため，吸水槽の前に設けられるもので，排水機場では近年設けられない場合も多い．

(e) 吐出樋門・樋管

内水排除などのために河川の堤防の一部に設けられる構造物の内，一般的に通水断面の大きいものは樋門，小さいものは樋管と呼ばれる場合がある．これらはいずれもゲートを設け本川の背水の影響を防ぐ機能を持つ．

(3) ポンプ設備の構成

ポンプ設備は，各種機器の複合体であり，主ポンプ設備はその中で主要な部分を占める．揚排水ポンプ設備は大きく分けて，①主ポンプ設備，②主ポンプ駆動設備，③系統機器設備，④監視操作制御設備，⑤電源設備，⑥除塵設備，ならびに⑦付属設備より構成される．一般的な揚排水ポンプ設備についてこれらの設備をさらに細分化してまとめると図 5.2 のようになる．機場と設備の概要は図 5.3 に示すとおりである（**写真 5.1**）．

### 5.1.3　ポンプ設備の構成機器

前述のとおり，揚排水機場は多種多様な機器より構成されており，これら複数の機器それぞれが問題なく着実に稼動し，システム全体として機能を発揮しなければならない．そのためには，日頃から機器単体の機能・性能だけではなく，システム全体としての機能保持のための維持管理に心がけ，信頼性を高めることが重要である．

ここではポンプ設備を構成する各機器の概要を説明する．

(1) **主ポンプ設備**

主ポンプ設備は主ポンプ，主配管，弁より構成される．揚排水機場において使用されているポンプはもっぱら羽根車の回転により水にエネルギーを与えるものであり，回転する主軸の向きから立

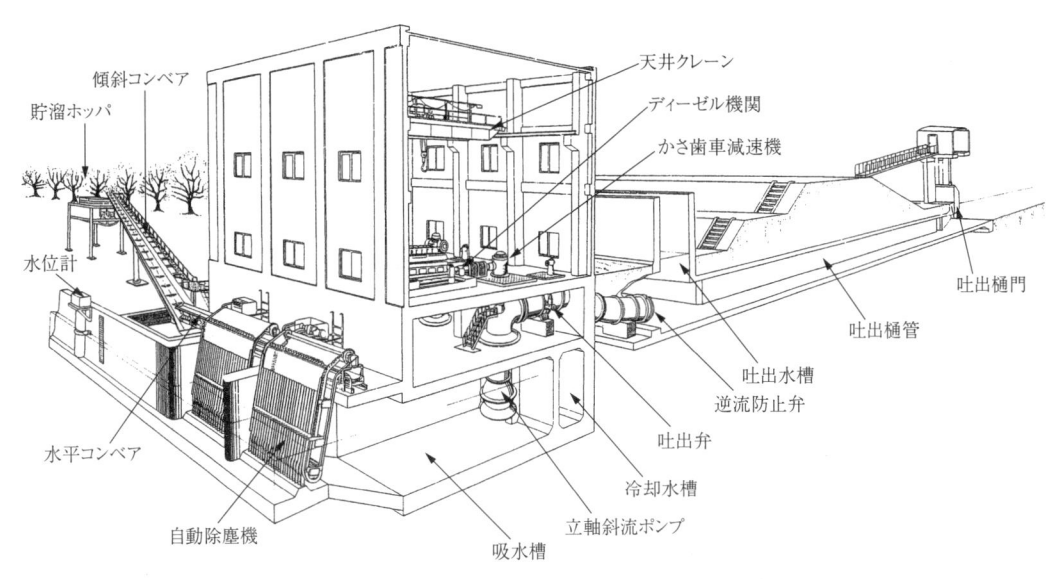

図 5.3 機場と設備の概要（立軸ポンプ排水機場）[4]

写真 5.1 排水機場外観

軸ポンプと横軸ポンプに軸形式が分類される．また，主軸に対する流体の流れ方向の違いにより軸流ポンプ，斜流ポンプならびに遠心ポンプに機種形式が分類される．これらの分類方法を組み合わせて「立軸軸流ポンプ」「横軸斜流ポンプ」といった呼び方をする．

ポンプの各軸形式の特徴は下記のとおりである．

立軸ポンプ……構造図を図5.4に示す．羽根車は吸水槽の水面より低い場所にあるため，吸込み側の圧力が横軸ポンプに比べ高いことから，揚水が気化して騒音が生じるキャビテーションが発生しにくく，深いところからの排水が可能である．また，起動の際に真空ポンプなどにより

図5.4 立軸ポンプ構造図[4]

図5.5 横軸ポンプ構造図[4]

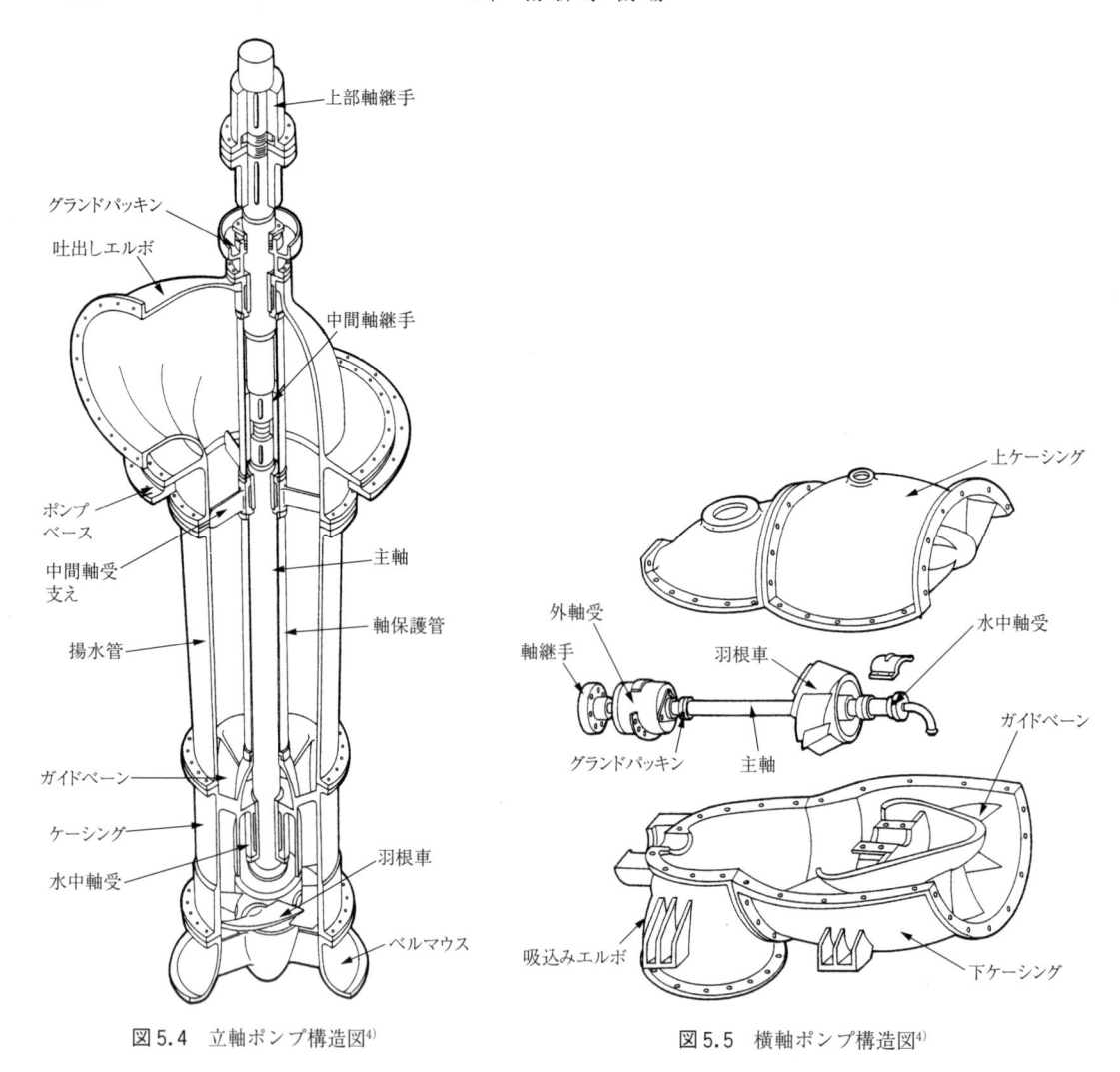

満水させる必要がなく，起動のタイミングを取りやすいことから自動運転を容易に行うことができる．

横軸ポンプ……ケーシングが軸心を含む上下2つ割りになっており，羽根車や主軸などの回転体が容易に取り外し可能なので，分解点検などの保守管理が容易である．

また，揚排水機場において多く使用されている軸流，斜流ポンプの特徴はそれぞれ下記のとおりである．

軸流ポンプ……低揚程，大水量に適している．比較的広範囲の揚程変動に対しても運転を行うことが可能である．ただし，弁を閉め小流量になると動力にかかる負荷が非常に大きいため締切運転はできない．

斜流ポンプ……低中揚程，大水量に適している．広範囲の吐出量や揚程の変動に対応して安定した運転を行うことができる．軸動力は吐出量の全域にわたってほぼ変わりなく，締切運転も可

能である.

ポンプから吐出水槽へ至る主配管と,その途中に設置される吐出弁により1つの配管システムを形成して,止水,逆流防止,流量調整それぞれの使用目的に合わせた機能を備え,かつ流水を円滑に導く.主配管は,途中に空気たまりができないよう形状が考慮され,機場本体と吐出水槽等独立した構造物の間で接続される配管には,不同沈下や地震等による伸縮やたわみに追従可能な可とう伸縮継手が設置されている.

### (2) 主ポンプ駆動設備

主ポンプ駆動設備には,主ポンプの主軸を駆動する役割を担う主原動機およびその動力を主ポンプに伝達する動力伝達装置からなる.

主原動機には,ディーゼル機関,電動機,ガスタービンがある.排水機場においては,台風や集中豪雨による異常出水時に排水を行うため外部から孤立した状態で確実に運転ができ,さらに年間の運転回数が非常に低い状況下においても確実に始動・運転の信頼性が高いことが必要であることから,ディーゼル機関が多く採用されている.揚水機場においては,平常時の運転が主であることから,商用電源の安定供給を受けることができ,また長時間運転に対する信頼性と経済性が求められることから電動機が多く使用されている(**写真5.2**).

(a) 主原動機(ディーゼル機関)　　　(b) 動力伝達装置(減速機)

**写真5.2** 主ポンプ駆動設備

動力伝達装置は,主原動機の動力を,水位変化や流量変化によって生じる主ポンプの負荷変動に確実に追従できるよう主ポンプに動力を伝達し,かつ主原動機から発生する振動を緩和する等軸系全体を安定させる機能を持っている.減速機,クラッチ,軸継手(カップリング)などの設備が挙げられる.

動力伝達装置の機能は必要に応じて①減速機能:主ポンプの回転速度を減速する.②軸方向変換機能:主原動機の軸方向を主ポンプの軸方向に変換する.③クラッチ機能:主原動機の動力と主ポンプの負荷の間を必要に応じて遮断もしくは緩和する.④動力伝達機能:主原動機の動力を主ポン

プへ伝達する．⑤振動成分緩和機能：主原動機出力からの振動成分を緩和する．
### （3）　系統機器設備

　系統機器設備は，主ポンプ設備および自家発電設備の運転に必要な燃料，冷却水，圧縮空気等を供給するものである．系統機器設備は燃料系統，冷却水系統，始動系統，満水系統，潤滑油系統および小配管で構成され，主ポンプ設備等を運転するために不可欠な設備であることから，ポンプ設備全体が問題なく機能を発揮できるよう，いずれの機器も高い信頼性を有し，確実な運転が行うことができるようにしなければならない（**写真5.3**）．

**写真5.3　系統機器設備の例（空気圧縮機）**

### （4）　監視操作制御設備

　監視操作制御設備は，安全で確実かつ容易にポンプ設備の運転操作，および状態監視を行うための設備であり，機場集中監視操作盤，補助継電器盤またはPLC盤[注1]，機側操作盤，電動機制御盤，系統機器盤，計装設備，CCTV設備・音声警報装置，遠隔監視操作制御設備，運転支援装置等により構成されている（**写真5.4**）．

### （5）　電源設備

　電源設備は，揚排水機場のポンプ設備の運転操作，維持管理に必要な電力を確実に供給できる設備となっている．電源設備は，商用電源設備，自家発電設備，直流電源設備，無停電電源設備

---

注1）PLCとはProgrammable Logic Controllerの略であり，プログラミングが可能な制御装置のことを指す．シーケンサと同義．揚排水機場では，主に，主ポンプ運転に必要な関連機器類の操作を，決められた手順に従って自動的に行うような制御を行う．

写真 5.4 監視操作制御設備の例（機場集中監視操作盤）

写真 5.5 電源設備の例（自家発電設備原動機）

（UPS）等により構成されている（写真 5.5）．

　排水機場は，非常用設備でかつ外的要因に左右されず運転を行わなければならないため，主ポンプ運転時は全電力が自家発電設備により賄われる．自家発電設備については，常用機と予備機の2台が設置されている．維持管理上必要な負荷や照明電源等は常時は商用電源を受電する．揚水機場の動力用電源は，商用電源から受電している．制御回路に直流を使用している場合は，停電を考慮して直流電源設備が設けられる．主ポンプの監視操作設備にコンピュータなどが導入されている場

合は無停電電源設備が設けられる.
### (6) 除塵設備
ポンプ吸水槽の上流側には，主ポンプの運転に支障がある流水中のごみなどを取り除くために除塵設備が設置されている（**写真5.6**）．

**写真5.6** 除塵設備

揚排水機場には河川水とともにさまざまなごみなどが流入し，主ポンプの羽根車が閉塞され揚排水機能に支障が生じるために，ごみの性状，量に応じたスクリーンが設置されており，必要に応じてスクリーンで捕捉したごみを除去，搬送，貯留できる設備が設置されている．除塵機でかき上げられたごみなどの異物はコンベアなどにより貯留設備に搬送され，貯留設備にためられたごみなどはトラックなどによる搬出が容易な設備となっている．

### (7) 付属設備
ポンプ設備は，正常な運転を行うために主ポンプ設備をはじめ前述の各設備で構成されている．これらの設備の維持管理，機能保全を目的とした角落し設備，クレーン設備，換気設備，屋内排水設備，そして安全管理のための照明設備，および火災防止のための消火設備等，必要な付属設備が設置されている．

角落し設備は，吸水槽内に設置された機器あるいは土木構造物の点検整備や吸水槽内の排砂作業を行うために吸込み水路上流の水を止水することを目的として，揚排水機場の流入水路側壁に設けられた立溝と分割式のゲート扉体および吊上げ装置から構成される仮締切施設である．

揚排水機場には，必要に応じて消防法で定められた消火設備が設けられている．揚排水機場で該当する消火設備は，燃料系統設備，ポンプ室，操作室，制御機器室等である．

地下にあるポンプ室等では，主ポンプおよびその他の機器からのドレン水等を外部へ自然排水することが困難であるため，強制的に外部へ排水する屋内排水設備が設置されている．

## 5.2 損傷・劣化の実態

前項で述べたとおり，揚排水機場はさまざまな施設により構成され，その多くの部分はポンプ設備を中心とした機械設備であり，日常の稼動による機器の損傷，あるいは経年的な変化によって劣化が生じる．

揚排水機場設備はさまざまな機器により構成されているので，損傷・劣化の内容についても，きわめて多種・多様にわたることなどが特徴として挙げられる．例えば，主要部分が鋼構造物で構成されており，かつ没水することによる腐食劣化，油・水・燃料漏れ，パッキンの劣化やフィルタ・ストレーナの目詰まり・腐食，摺動部を有することによる摩耗，振動等による破損などがある．

本節では，最近見られた損傷・劣化の実例を中心に損傷劣化の傾向を概説する．

### 5.2.1 主ポンプ設備の損傷・劣化の実態

主ポンプ設備の損傷・劣化としては，特に立軸ポンプがポンプ吸水槽内において羽根車まで常時没水していることから腐食にさらされやすい環境にあり，揚水中の塩分などによる腐食の事例が多い．また，回転体を有していることから，軸受，軸封部などの損傷や羽根車の異物噛み込みによって運転負荷が著しく増大するなどの事例も見られる．ここでは代表的な腐食による損傷劣化の事例ならびに軸受の損傷事例について紹介する．

[事例-1 羽根車（インペラ）の孔食]

写真 5.7 は稼動開始後約 27 年経過した渦巻斜流形ポンプの羽根車の腐食状況を示している．この羽根車の材質は炭素鋼鋳鋼品 SC 450 である．

損傷部位は，(1) 羽根車前後縁およびその近傍，(2) チップ側（ケーシング内壁側）側端面摺動部である．羽根車前縁部は，ボス側からチップ側にかけて流路全幅にわたって孔食が生じて翼の前縁が鋸歯状になっている（写真 5.8），また，前後縁近傍の圧力・負圧面にも孔食箇所が散見さ

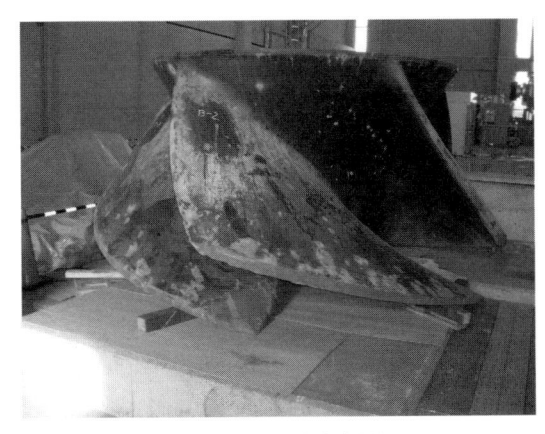

写真 5.7 羽根車腐食状況　　　　　写真 5.8 羽根前縁腐食状況

れる．孔食はボス側よりチップ側に多く見られる．また，側端面摺動部も孔食のため羽根ケーシング隙間（チップクリアランス）が腐食により拡大しており，設計値の約4倍となっている．

ポンプ運転への影響は，チップクリアランスの拡大により，揚水されずチップクリアランスを通じて漏れ落ちる量が増大するために性能低下が起こること，あるいは孔食による減肉のため重量アンバランスが生じることから異常振動の発生が懸念される．腐食発生箇所は羽根前後縁であること，および局部的な孔食であることから羽根強度への影響は少ないと考えられるが欠損破片による回転体のロック等には注意を要する．

[事例-2　軸受の摩耗損傷]

写真5.9～写真5.11は，横軸斜流羽根車の水中軸受損傷状況を示している．軸受はホワイトメタル製の滑り軸受で，取替え後約5年が経過したものである．写真ではホワイトメタル部が一部溶融し摺動部や溝部に付着している状況がわかる．また，軸受ブッシュの寸法を測定したところ摺動時の摩擦熱が原因と見られる若干の変形が見られた．

写真5.9　水中軸受損傷状況（下軸受） 　　　　写真5.10　水中軸受損傷状況（上軸受）

写真5.11　水中軸受損傷状況（軸スリーブ）

軸受損傷の原因としては，新規取替えから長い時間が経過していないこともあり軸受取替え再組立時に，軸受内へのグリース初期充填が十分でなかった可能性が高い．このため，一時的な摺動熱の発生により部分損傷を生じたものと考えられる．また，ルーズフランジ部の倒れおよびホワイトメタル・軸スリーブ間の摺動跡に若干不均一なところが見られることから主ポンプ駆動軸の芯ずれが生じていることが考えられる．軸受の損傷はこれらが複合して起こったものと思われる．

対応策として，芯出し，摺動当たり，初期グリース充填，供給パイプ内へのグリース充満を確実に行い損傷の再発防止を徹底した．さらに，機場躯体のひずみによる主軸の芯ずれが懸念されるため，ポンプ据付け基礎の水平度調査を継続することにした．

### 5.2.2 ディーゼル機関の損傷・劣化の実態

主ポンプ駆動設備には，ディーゼル機関，電動機，ガスタービンがあるが，この中で現在最も設置件数の多いディーゼル機関に関して述べる．また，系統機器に属する燃料，潤滑油，冷却水，始動系統についても，ディーゼル機関の運転可否に非常に密接にかかわっているため，ここで併せて述べる．

ディーゼル機関はポンプ設備の中では最も整備件数の多い設備であり[12]，機器の機能を維持するためにはオイル交換，エレメント清掃，グリース給脂などさまざまな保守整備を定期的に実施する必要がある．ディーゼル機関において定期点検で確認される損傷・劣化の事例としては，パッキン不良などによる油漏れ，オイルフィルタエレメントの破損，不純物付着，潤滑油の劣化・油量低下などが多く見られる．また，エンジン始動に関する不具合も最近多く報告されており，最も深刻な事例としては，エンジン始動不良が発生した際にエンジン内にたまった未燃焼ガスが着火して火災が発生したこともある．

最近のディーゼル機器において発生が報告されている損傷・劣化などによる不具合としては例えば，クランク軸主軸受等焼損，主原動機捩り振動によりクラッチ軸破損，主原動機ピストン破損，過速度リレー不良のため主原動機過速度で停止などがある．

[事例-3 ディーゼルエンジン排気管の損傷]

通常の点検整備時に排気管およびガスケットの交換を行った事例を，**写真 5.12** に示す．ディーゼルエンジンの排気管は，高温下にあり，また原動機の運転に伴い振動し繰返し荷重がかかるため，破損による漏れが生じやすい環境下にある．本事例の排気管はまだ大きな問題はなかったようであるが，老朽化にともない破損する懸念があったため，今回の整備で交換したものである．

[事例-4 インタークーラの細管腐食割れ]

**写真 5.13～写真 5.15** は，ディーゼル機関の冷却水系統をなす空気冷却器の冷却細管の破損状況を示している．このエンジンの設置後経過年数は約 23 年である．

故障時の状況は次のとおりである．ポンプ始動の際に軽故障が発生し停止指令を出した．エンジ

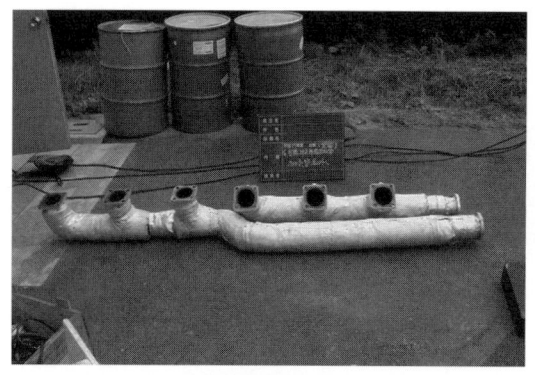

(a) 排気管取り外し　　　　　　　　(b) 新製部品

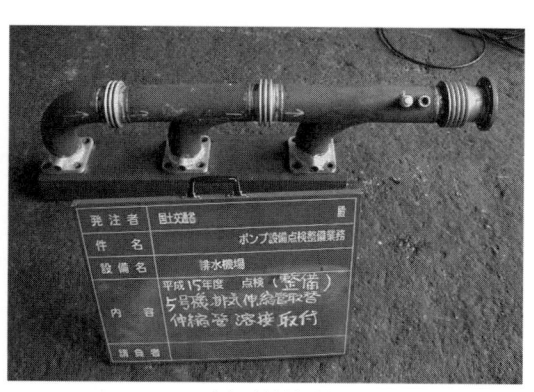

(c) 空気漏れ試験　　　　　　　　(d) ガスケット交換・新旧品

写真5.12　ディーゼルエンジン排気管交換状況

写真5.13　冷却水配管損傷状況．上が破損した冷却水配管，中が正常な冷却水配管，下が冷却フィンを取り除いた正常な配管

写真5.14　冷却水配管破断面

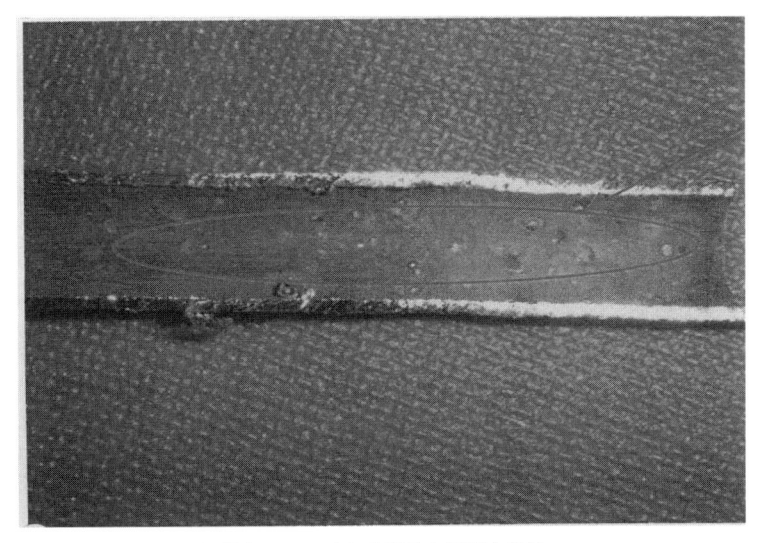

写真 5.15 冷却水配管内部腐食状況

ン周りを点検したところ漏水を発見した．過給器からシリンダ内に至る吸気系統に設置された空気冷却器において細管破損により冷却水が混入し，エンジンシリンダ内および過給器内が冠水したため，エンジン停止に至ったものである．空気冷却器の冷却系統において冷媒は河川水を用いており，隣接する主エンジンの空気冷却器と系統を共有している．本機の冷却管が破損した後，隣接機の運転が行われた際に冷却液が漏れ冠水したものと考えられる．破断した冷却細管は円周方向に切断されており，外部から見たかぎりでは腐食の兆候は見られなかったが，冷却管内部を調査したところ，すべての冷却細管に腐食の進展が見られた．

原因は経年変化による応力腐食割れが考えられる．腐食によって強度が減じたため，振動による繰返し応力により冷却細管に割れが生じ，さらに振動によって亀裂が進行したものと推定される．

対応策としては，空気冷却器を新製交換のうえ組立復旧した．冷却配管は，目視での点検ができない部分であり，従来は定期点検における水圧テストで判断をしていたが下記の点検方法見直しを検討している．

・ドレンバルブによる漏水の確認
　空気冷却器下部のドレンバルブを開放し内部の浸水の有無を，他機運転中，運転前，運転中に確認する．
・空圧試験
　年点検時に冷却水出入り口部を閉鎖し，空圧試験を実施する．

### 5.2.3 補機類の損傷・劣化の実態

ここでは，前項の主ポンプ設備や駆動設備を除いた補機類の損傷・劣化の実態について，主に日常の点検整備作業において見られた事例を中心に述べる．

[事例-5 月点検等におけるリレー，遮断機（ブレーカ）の交換]

監視操作制御設備や電源設備におけるリレー，遮断機，スイッチ類

機械的動作を繰り返すため動作部の破損，トリップ，ボルトのゆるみ，結露・湿気などによる発錆などの絶縁不良，あるいは前記のいずれかによる発熱などの損傷・劣化が考えられる．点検に当たっては，これらの現象を目だけでなく耳や鼻など五感をフルに使って確かめる必要がある．

写真5.16は，月点検における漏電遮断機の交換状況を示している．

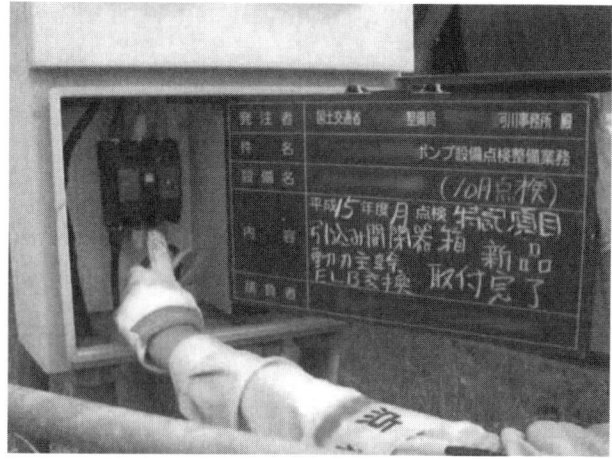

写真5.16 漏電遮断器の交換作業

[事例-6 センサー類の損傷劣化（吸水槽水位計の交換）]

操作盤類と同様に，①腐食やボルトのゆるみなどによる接触不良，②点検時において絶縁抵抗値が過去の測定値に比べて低下している，などの状況からセンサーが異常な値を示す，あるいは動作しないなどの不具合が発生する．このため故障ではない状況で故障表示が出るなど，排水機場の運

写真5.17 吸水槽水位計の交換

5.2 損傷・劣化の実態　　　　　129

転に支障をきたす場合がある．写真5.17は，点検整備における吸水槽水位計の交換作業の状況を示している．

[事例-7　除塵機設備整備における架台ボルト交換，スカートゴム交換]

除塵設備の駆動装置における軸受架台ボルトが屋外にあり，腐食が見られるため交換を行った．

除塵設備のうち，傾斜コンベア入口の，除塵機で取り除かれた砂塵が投入される位置にあたるスカートゴムが砂塵やコンベアベルトとの接触による摩耗損傷，ならびにゴムの経年劣化により損傷が見られることから交換作業を行った（写真5.18）．

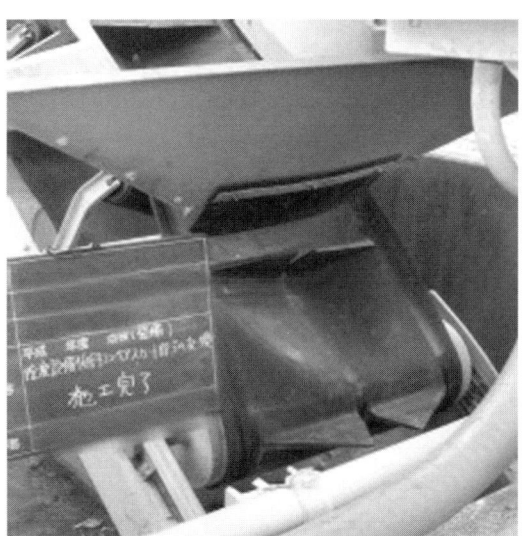

(a) 新旧部品

(b) 交換作業

写真5.18　除塵機スカートゴム交換

## 5.3 点検・維持管理

### 5.3.1 揚排水機場における維持管理の基本的な考え方

　河川ポンプ設備がその使命を十分に果たしていくためには，常に信頼性の高い状態にあることが必要となる．万一，これらの設備に異常が発生し，機能・性能が低下あるいは喪失した場合には，地域社会に与える損失は甚大なものと考えられる．このため，その機能，性能および信頼性を常に確保するための日常の維持管理が重要である．

　日常の点検・整備において管理者がまず第1に行うのは「機場が間違いなく稼動していること」の確認である．揚排水機場を構成する各機器のメンテナンスは専門技術者に任せるのがよい．揚排水機場を構成する機器は多種多様にわたっているうえ，技術の進展により個々の機器も複雑化しているので，管理担当者が直接機器の分解などの作業を直接行うことはほとんどないと考えてよい．多くの場合，これらの作業は管理担当者がメンテナンス会社に委託をして実施している．また，オーバーホールが必要な大きな補修を伴う整備は，各機器メーカーによって実施される．

　揚排水機場の維持管理における点検・整備は，その目的，内容を理解し，計画的に実施しなければならない．点検・整備計画を使用状況や環境条件に応じて的確に立案し，確実に実施することによって揚排水機場全体の機能を確保していくことが必要である．

### 5.3.2 維持管理の流れと分類

　設備は保全業務に守られながら長い年月にわたって運用されるが，やがて設備の老朽化などによる信頼性の低下や整備頻度の増大，保全コストの増大などの要因により限界が生じてくると，それを診断して設備の更新を検討する時期を迎える．これらの維持管理の流れを図5.6に示す．

　排水機場設備は，通常はほとんど運転されないため稼動時間は少ないが，いったん出水となると

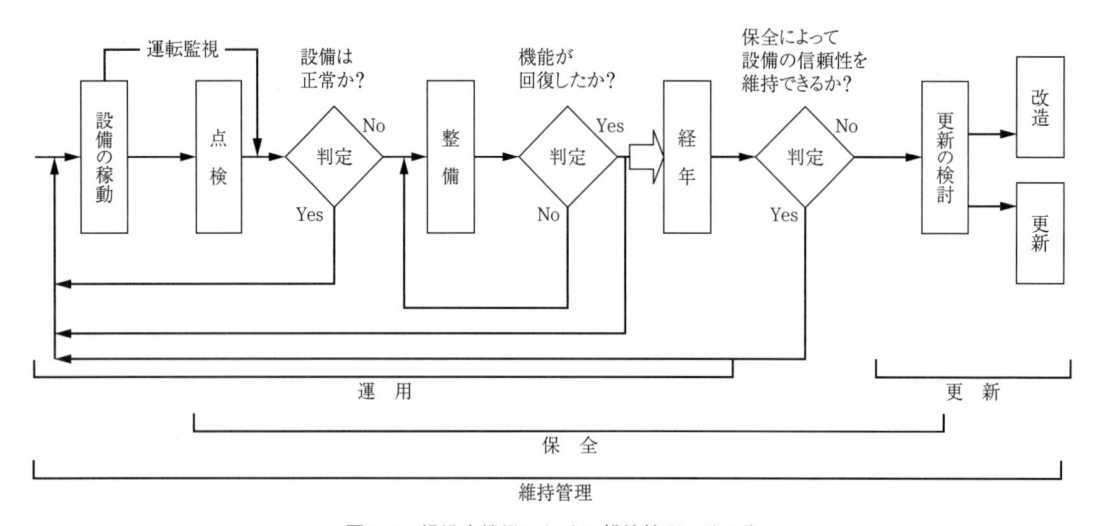

図5.6　揚排水機場における維持管理の流れ[8]

確実に機能することが要求され，また機器の設置される環境は湿度が高く結露が生じやすい状態にあるなど厳しく，通常の常用設備とは異なった特性を持っている．一方，揚水機場設備は，いったん稼動期に入ると確実に連続運転できることが要求される．設備の点検・整備については，各機場ごとの管理体制や機能形態に合わせて実施する必要がある．また，設備は多種・多様な機器で構成されており，これらの複数の機器がシステムとして連携して機能を発揮する必要がある．そのためには日頃から機器単体の機能・性能だけではなく，システム全体としての設備の故障，疲労劣化など機能損失の有無の確認や防止するための機能維持や機能回復（保全）を目的とした点検・整備の実施が必要となる．

　排水機場設備は，休止状態が圧倒的に多い設備であり，出水期と非出水期では機能の確保されるべきレベルが大きく異なる特性があることから経年的な変化が主体となる．一般的に月点検，年点検のように一定の期間ごとに設備の状況をチェックしていく．これに加え，日常の運転時に行う点検においても設備の状況を確認していく方法をとる．常時運転されている揚水機場設備は，運転による劣化が主であるため，基本的に日常の運転における点検を主体にする．河川ポンプ設備の維持管理に当たっては，機場設備を１つのシステムとしてとらえ，経済的，かつ効果的な点検・整備を行うことが望ましい．揚排水機場の点検・整備は「揚排水機場点検・整備指針（案）同解説[2]」において種類が区分されている．図5.7に点検・整備の種類を示す．

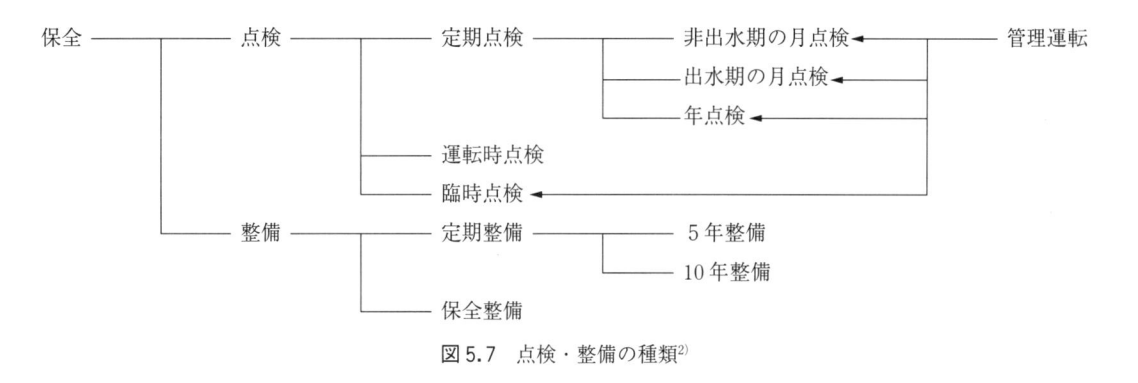

```
保全 ── 点検 ── 定期点検 ── 非出水期の月点検 ◄──── 管理運転
                          ── 出水期の月点検 ◄────
                          ── 年点検 ◄────
              ── 運転時点検
              ── 臨時点検 ◄────
     ── 整備 ── 定期整備 ── 5年整備
                        ── 10年整備
              ── 保全整備
```

図5.7　点検・整備の種類[2]

(1) 点検・整備　排水機場の機能維持，機能回復，信頼性確保等を図るため計画的な点検・整備を行わなければならない．

　　排水機場整備の機能を維持するためには，効果的な点検・整備が不可欠である．点検・整備を分類すると定期的に行うものと，臨時的に行うものがあり，定期的な点検・整備については，その周期を定めて，計画的に行うことが肝要である．点検・整備の区分概要を表5.1に示す．

(2) 保管　排水機場に保管される予備品および工具類は常に必要な数量を確保し，それらを良好な状態に維持する必要がある．

(3) 記録　設備を維持管理するうえで，記録類（設備履歴簿，運転記録，点検・整備記録，故障記録等）の管理は重要である．

表5.1 点検整備の区分概要

|  | 点　検 | 整　備 |
|---|---|---|
| 目的 | 設備の故障，疲労劣化等，機能喪失の有無の確認 | 設備の故障．疲労劣化等の防止，もしくは機能の回復 |
| 方法 | 主として分解を伴わない．目視，聴覚，打診，指触，作動テストおよび簡単な器具（温度計，水位計，スケール等）を用いた計測を行う | 主として分解を行う．清掃，塗装，油脂等の補給交換，部品の交換，各部の調整等を工具，器具を用いて行う |

河川ポンプ設備の維持管理に関する主な用語の定義は次による．

保　全：システムを構成する設備および機器を運転可能な状態に維持するとともに，故障，損傷等を回復するためのすべての処置もしくは活動をいう．

点　検：設備の異常ないし損傷の発見，機能が正常に発揮できる状態であるかどうかを判定するために実施する目視，計測，作動テスト，およびこれらの記録をいう．

整　備：機能維持もしくは機能回復のために実施する清掃，調整，給油脂，部品交換，修理等の作業ならびにその記録をいう．整備の種類は定期整備と保全整備がある．

定期整備：経年および運転時間の累積による劣化部の機能維持ならびに機能回復を目的に，一定の周期（間隔）で実施する整備をいう．

保全整備：点検により，機能維持または機能回復が必要と診断された部位について，適宜実施する整備をいう．

管理運転：全般的な故障の発見を第一義とする実負荷運転またはそれに近い総合試運転をいう．また，設備および機器の内部防錆，防塵，なじみなどの機能維持や運転操作員の習熟度を高める目的も併せ持つ．

機能回復：運転および経年により低下した機能または性能を，正常かつ良好な状態に回復させることをいう．

機能維持：機能または性能を，正常かつ良好な状態に維持することをいう．

信頼性確保：確実な始動と長時間の連続運転ができるように，設備機能を確保することをいう．

### 5.3.3　点　検

点検は，設備の故障，疲労劣化等，機能損失の有無を確認するために実施する作業であり，分解を伴わず目視，聴覚，打診，指触，作動テストおよび温度計，水位計，スケールなどの簡単な器具を用いた計測を行うものである．

点検は，「定期点検」「運転時点検」「臨時点検」に分類され，「定期点検」はさらに「月点検」「年点検」の2種類に分かれる．定期点検は，設備の劣化および老朽化等による損傷箇所の発見を目的に周期を定めて行うもので，定期点検時には原則として管理運転を実施する．運転時点検は，実排水運転時の始動条件の確認，運転状態の確認，運転終了後の状態確認を目的に実施する．また，臨時点検は，地震，落雷，火災，暴風等が発生し，施設に影響があると予想される場合に必要に応

じて施設の点検を実施する．

各点検の内容はそれぞれ下記のとおりである．

### (1) 定期点検

#### (a) 月点検

月点検は，排水機場設備を通年に運転可能な状態に維持することを目的とし，次に示す要領で実施するものとする．月点検では，各部機能が損なわれていないかを目視，指触，打診，計測等の方法を主体として実施する．月点検の結果，設備に不具合が認められた場合は，速やかに保全整備を実施する必要がある．

点検の実施に当たっては，各種関連法令にかかわる点検を含め，年間計画表を作成して実施する．排水機場における出水期ならびに揚水機場における稼動期には，設備の信頼性確保，機能維持を目的として，機器の整備状況，作動確認，偶発的な損傷の発見に主眼をおき，期間中は極力，月1回実施するのが望ましい．排水機場における非出水期ならびに揚水機場における長期停止時には，設備の機能維持を目的として発錆の有無，給油状況ならびに偶発的な損傷の発見に主眼をおいて原則として2～3か月に1回実施する．ただし，外的要因による損傷など保安上の問題も想定されるので，少なくとも1か月に1回程度は機場設備の巡視を行うことが望ましい．また，法令等により，月ごとに行う必要がある点検項目は別途実施する．

#### (b) 年点検

年点検は，設備の機能回復，信頼性確保，機能維持を目的として全体的機能の確認を主眼として行う点検で，年1回実施する．なお，年点検を実施した月の月点検は省略できる．年点検は，出水期の1か月前までに実施することが望ましいが，寒冷地の場合は，春先の融雪出水期の前などに状況に応じて実施する．年点検では，機能回復，信頼性確保，機能維持を目的に目視，指触，打診，計測等による機能状況等の確認を行い，精度の高い診断を行うため専用の計測器を用いて行うものとする．

定期整備時には，年点検項目も兼ねて実施する．定期整備を行った場合，次の年点検は省略する．年点検の結果，設備に不具合が見られた場合は，速やかに保全整備を実施する必要がある．

#### (c) 管理運転

管理運転は，点検の作業範囲に含まれるものであり，個々の機器を直接分解・点検することなく実負荷運転またはそれに近い状態での総合的な試運転を行って，各機器の機能確認を行いシステム全体の故障発見を第一の目的として実施するものである．併せて機器および操作制御設備の内部防錆，防塵，なじみなどの機能保持や運転操作員の習熟度を高めるために行うものである．

月点検や年点検などの定期点検時には，前述の目的のために，できるかぎり定格排水量に近い状態での管理運転（全水量運転方式）を実施するのが望ましい．ただし，機場によっては，水の確保が困難なことから管理運転が全水量運転方式と大きく異なる方法を採らざるを得ない場合もある．その際の運転操作には十分に注意をするとともに，終了時には実排水運転に備えた状態に戻しておかなければならない．

(2) 運転時点検

運転時点検は，実排水運転が行われるごとに実施される点検で，始動条件の確認，連続運転性能の確保，運転終了後の状態確認を目的とし，設備の実排水運転に際しての異常の有無を確認するために実施するものである．運転時点検は，目視，指触，聴覚による点検を標準として，設備の運転に係わる部分について損傷の兆候を発見することに主眼をおいて行うものとする．

運転時点検は，運転前，運転中，運転後に分けて次のとおり実施する．

① 運転前点検：運転準備として運転操作および始動に際しての異常，障害の有無を点検する．
② 運転中点検：異常や損傷の兆候を早期に発見し，正常な連続運転を行うために監視および点検を行う．
③ 運転後点検：運転終了後に各機器等の異常の有無を点検する．

(3) 臨時点検

臨時点検は，地震，落雷，火災，暴風等が発生し，施設に影響があると予想される場合に，必要に応じて施設の点検を実施するものである．特に「気象庁の震度階級が4以上の地震」に見舞われた機場にあっては，設備機器のほか，機場設備に関連する土木構造物や建屋建造物の各箇所の被害状況にも注意を払い，各管理担当機関において制定されている地震発生後の点検要領などに従い臨時点検を実施する．

主体となる点検内容は，排水機場設備に関しては，機器間を連結してシステムを構築している系統機器設備の配管（屋内外，埋設管）などの損傷に伴う漏れに関する点検や同様の役割を担っている監視操作制御設備，自家発電設備および電源設備の各種点検のほか天井クレーンの運転状況確認を実施する．なお，災害の程度によって点検の対象範囲を拡大し，コンクリート構造物のひび割れ，水位低下，各機器基礎コンクリートおよび基礎ボルトのゆるみ，配管のサポートなども点検の対象となる．

さらには，主ポンプ，主原動機，および動力伝達装置の芯出し狂いが懸念される場合もある．この芯出し精度をチェックすることは，横軸ポンプの場合は簡単であるが，立軸ポンプの場合は容易ではない．したがって，可及的速やかに運転を実施し，振動，騒音，および軸受箱他の温度を計測し，過去のデータとの比較検討によって，状況変化の確認と将来の運転に耐えられるか否かを判断して，適切な処置を講ずることが望ましい．

なお，物の落下，転倒または移動による災害を未然に防止する処置を日常的に講じておくことが必要である．また，耐震対策にあたっては，「揚排水機場耐震点検マニュアル・解説」に基づく耐震点検を実施したうえで対策を施す．

### 5.3.4 整　備

整備は，設備の故障，疲労劣化等の防止，もしくは機能の回復を目的として実施される作業であり，主として分解を伴う，清掃，塗装，油脂等の補給交換，部品の交換，各部の調整等を工具，器具を用いて行うものである．揚排水機場設備は，点検とともに整備を行う必要がある．本項では整備

を周期的に行うものと，それ以外のものに分離し，それぞれ「定期整備」と「保全整備」としている．

定期整備は，経年および運転時間の累積による劣化部の機能維持ならびに機能回復を目的に一定の周期（間隔）で実施する整備であり，保全整備以外の整備である．保全整備は，点検により，機能維持または機能回復が必要と診断された部位について，適宜実施する整備である．保全整備のうち消耗品の交換等の軽微なものについては，各点検作業に合わせて実施するのが一般的である．

(1) 定期整備

定期整備は，主に設備の経年変化による劣化，稼動による劣化損傷を防止するために，一定の期間ごとに実施する整備である．定期整備は将来起こりうるトラブルを回避するために非常に重要な役割を担っており，忘れず計画的に行わなければならない．

排水機場の特性として統計的に4～5年で燃料，冷却・潤滑水関係機器には発錆による固着や腐食によるトラブルおよびポンプなどの部品に不具合現象が生じているので，これらのことを考慮して5年ごとに定期整備を実施する．定期整備では，簡単な分解等により，構成部品の摩耗，間隙の測定等を行い，定期点検時に整備できない箇所の修復，一部構成部品の交換を行う．

定期整備は特に分解を必要とするので，非出水期に行うことを原則とする．定期整備を行う場合は，年点検項目も兼ねて実施する．つまり，定期整備を行った年については年点検を省略することができる．また，電気関係のリレーなどは設置後12年頃から故障が多発していること，またディーゼル機関，ガスタービンに関しても一定期間毎にオーバーホールしないと将来内部のトラブルが予想されることからこれらを予防するため5年目とは別に10年目ごとに定期整備を実施する．

なお，整備は設備の種類，使用状況，環境条件等により機場ごとに異なるため，各機器ごとの耐用年数を参考にして計画を立てて実施する．また，定期整備を繰り返していくうちに，設備の根本的な対策の必要性が生じた場合は，「河川ポンプ設備更新検討要綱・同解説[6]」に従って，適切な総合診断等の処置を講ずるものとする．

(2) 保全整備

保全整備は，点検により，機能維持または機能回復が必要と診断された部位について適宜実施する．保全整備は，定期点検，運転時点検，臨時点検で発見された故障の修理および，日常整備としての給油脂と部品交換，燃料，冷却水の補給，各部の清掃，作動調整等行うものであり，緊急を要しない場合は各点検に合わせて行ってもよい．

### 5.3.5 点検・整備記録の活用

(1) 点検・整備記録の保管・活用

点検・整備に関し，運転記録，点検・整備記録，故障記録，設備の改良・更新の記録などからなる設備履歴簿や，温度・圧力・振動など計測機器による記録データは，次回以降の点検・整備等に役立つばかりでなく，設備機器の機能診断や状態を把握するのに重要なデータとなる．

記録データには，傾向管理（トレンド管理）を行って活用すべきデータと，故障発生原因の特定や今後の改良・更新計画に備えて保管すべきデータに分けて管理する必要がある．特に，振動・温

度・圧力・絶縁抵抗・油質・充填時間・満水時間等については，測定データを保管し，傾向管理（トレンド管理）することにより，機器の劣化状況を確認する目安の一つとして活用する．

　傾向管理（トレンド管理）は，測定値を記録保存し異常劣化の兆候が見つかったとき，実施する診断に役立てたり，予防保全的な観点から信頼性向上のために将来的には有効な手法の一つである．この異常劣化の兆候をすばやく見つけるためには，現状の技術において現在の状況を把握するために測定データを時系列で処理しグラフ化することにより視覚的に劣化の進捗度を認識することができる．

　現在の「揚排水機場設備点検・整備指針（案）同解説[2]」での点検項目の内，傾向管理が可能な項目はもちろん，遠隔化システムなどで各種センサにより状態監視しているものは，上記以外でもデータを収集し，管理していくことが望ましい．傾向管理を有効に行うためには測定データの収集・分析と故障事例との比較等が重要であり，これらにより設備ごとに管理手法が決められている．

（2）　点検整備に必要な記録表類

　排水機場設備の点検・整備に有効な図書および記録類は，整理のうえ，保管しておくものとする．点検項目によっては，法令により点検記録の保管期間が定められているものもあるので注意する．

　図書（設備台帳，完成図書等）および記録類（点検・整備記録，運転記録，故障記録および計測データなど）は，損傷や散逸させることなく，目録を付けるなど整理のうえ，点検・整備に際し，いつでも利用できる状態で確実に保管する必要がある．設備の変更あるいは補修等を行った場合は，そのつど図書および記録類を補正し，その履歴，理由等を記録し，管理する．

　設備履歴簿については次のとおりである．なお，各記録表については「揚排水機場設備点検・整備指針（案）同解説[2]」を参照されたい．

　各種記録データの保管方法は，上記のように紙データを主体としているが，現在，電子化情報の共有化を目指して運用管理CALSの構築が推進されている背景[9]から，各種記録データは数値以外に図，表，写真などを含めて電子データとして記録しておくことが望ましい．

### 5.3.6　点検・維持管理におけるその他留意点

（1）　減　速　機

　10年点検時においても減速機の損傷故障はほとんど見られない．分解，再組立てを行うことにより新たな故障の発生が懸念されることから，むやみに分解して整備しないことに留意する必要がある．運転時間，点検状態を良く確認のうえ，分解するかどうかを慎重に判断することが必要である．

（2）　管　理　運　転

　管理運転時は揚程差が小さく軽負荷運転状態になりやすい．軽負荷運転になると燃料が不完全燃焼となり，燃えかすが燃焼室内やタービンノズルなどに付着し，故障の原因となる．あるいは深刻なケースでは火災に至る場合があるので，水位等に留意し極力軽負荷とならないような管理運転を

## 5.3 点検・維持管理

① 運転記録

# 運転記録表（1）

整理番号 ＿＿＿＿＿＿＿＿＿

運転責任者 ＿＿＿＿＿＿＿＿＿

機場名 ＿＿＿＿＿＿＿＿＿　平成　年　月　日（天候　）　記録者 ＿＿＿＿＿＿＿

| 運転使用量 |  | 1/2 | 給油量 |  | 1/2 | タンク残量 | 運転前 |  | 1/2 | 運転後 |  | 1/2 | 総運転排水量 |
|---|---|---|---|---|---|---|---|---|---|---|---|---|---|
| 潤滑油使用量 | 計 | 1/2 | 主エンジン | 1/2 | 減速機 | 1/2 | その他 |  |  | 1/2 | (kg) |  | m³ |

時刻（時）: 0 1 2 3 4 5 6 7 8 9 10 11 12 13 14 15 16 17 18 19 20 21 22 23 ｜計｜アワメータ等の読み（運転終了時）

水位
- 内水位 (m)
- 外水位 (m)

運転操作
- 主ポンプ No.1, 2, 3, 4
- 発動発電機 No.1, 2
- 除塵機 No.1, 2, 3, 4
- ゲート（開閉） No.1, 2, 3

---

整理番号 ＿＿＿＿＿＿＿＿＿

# 運転記録表（2）

運転責任者 ＿＿＿＿＿＿＿＿＿

機場名 ＿＿＿＿＿＿＿＿＿　平成　年　月　日（天候　）　記録者 ＿＿＿＿＿＿＿

主機関

| 記録時刻 | 回転速度 |  | 気温 | 室内温度 | 潤滑油圧力 | 一次冷却水圧力 | 一次冷却水温度 |  | 潤滑油温度 |  | 気筒温度 |||||| 排気温度 || 給気圧力 ||
|---|---|---|---|---|---|---|---|---|---|---|---|---|---|---|---|---|---|---|---|---|
|  | 機関 | ポンプ |  |  |  |  | 入口 | 出口 | 入口 | 出口 | 1/7 | 2/8 | 3/9 | 4/10 | 5/11 | 6/12 | 右 | 左 | 右 | 左 |
| 時ー分 | min⁻¹ | min⁻¹ | ℃ | ℃ | MPa | MPa | ℃ | ℃ | ℃ | ℃ | ℃ | ℃ | ℃ | ℃ | ℃ | ℃ | ℃ | ℃ | MPa | MPa |

流体継手 / 減速機

| 記録時刻 | 軸受温度 || 給水ポンプ圧力 || 給圧滑油力 | 油冷却油 || 軸受温度 |||| 潤滑油圧力 | 冷却器 ||
|---|---|---|---|---|---|---|---|---|---|---|---|---|---|---|
|  | エンジン側 | 減速機側 | 入口 | 出口 |  | 入口 | 出口 | A | B | C | D | スラスト |  | 入 | 出 |
|  | 中 | 外 |  |  |  |  |  |  |  |  |  |  |  |  |  |
| 時ー分 | ℃ | ℃ | MPa | MPa | MPa | ℃ | ℃ | ℃ | ℃ | ℃ | ℃ | ℃ | MPa | ℃ | ℃ |

② 点検・整備記録

# 点検・整備総括表

整理番号 _____

| 認 印 | 認 印 | 認 印 |
|---|---|---|
|  |  |  |

機場名 _____  記録年月日 平成　年　月　日　記録者氏名 _____

| 作業分類 | | | | 番　号 | 形　式 | 口　径 | 設置年月日 |
|---|---|---|---|---|---|---|---|
| 作業期間 | 開始 | | ポ |  |  |  |  |
| | 終了 | | ン |  |  |  |  |
| 作業内容 | | | プ |  |  |  |  |
| | | | 管理運転 | 実施（総合運転，機器単独運転），未実施 ||||
| | | | 部品交換 | 実施（部品名：　　　　　），未実施 ||||
| | | | 作業責任者 | ||||
| | | | 立会者 | ||||
| 考察 | | | 作業者 | ||||
| 土木建築、浸水対策構造物等の点検所見（必要に応じ写真を添付） | | | | ||||
| （記入例）<br>・建屋天井より雨漏りがある。　・窓の一部が破損（添付写真1）<br>・燃料配管の壁貫通部にひび割れ有り（添付写真2） | | | | ||||

# 点検・整備詳細記録表

整理番号 _____

| 責任者 | 立会者 |
|---|---|
|  |  |

機場名 _____　　作業者　所属 _____

実施日　平成　年　月　日（天候　）　氏名 _____

| 点検番号 | 機器名 | コード番号 | 内　容　状　況 | 処　置　結　果 |
|---|---|---|---|---|
|  |  |  |  |  |

## 5.3 点検・維持管理

## ③ 故障記録

### 故障記録表

| 整理番号 | |
|---|---|
| 責任者 | 立会者 |

機場名＿＿＿＿＿＿　記録年月日 平成　年　月　日　記録者所属氏名＿＿＿＿＿＿

| 故障発生年月日時 | | 故障発生までの運転時間 | | | 修理完了年月日 | |
|---|---|---|---|---|---|---|
| 故障発生設備・箇所 | | 故障対策内容 | | | | |
| 故障状況・原因 | | 改良要望事項等 | | | | |
| | | 施工業者名 | | 施工金額 | | 千円 |

## ④ 設備の改良・更新の記録

### 設備の改良・更新記録表

整理番号：

| 年 月 日 | 責任者印 | 年 月 日 | 作業者印 |
|---|---|---|---|

機場名：＿＿＿＿＿＿　　No. ポンプ

| 工事名 | | 工期 | | 業者名 | | 作業完了年月日 | |
|---|---|---|---|---|---|---|---|
| 改良・更新対象設備・機器名 | | | | 処理内容 | | | |
| | | | | 施工業者名 | | 施工金額 | 千円 |

心がけ，軽負荷運転となった場合でも 10～15 分の運転時間に留めておく必要がある．

### （3） 排水機場没水時の対策

平成 12 年の東海水害において排水機場が冠水により機能を停止する事例がいくつか見られた．このため対策として機場の耐水化，すなわち①機器，配線の高設置化，②建屋等の水密構造化，③機器の水密化，などが必要となる．特に管理者の立場では，燃料輸送ポンプや除塵機駆動部など屋外に設置された機器の設置場所について，洪水時においても水没しない場所に設置されているかどうかを確認する．

## 5.4 損傷・劣化の調査・診断

### 5.4.1 総合診断

前述のように，設備の信頼性を維持する手段として「揚排水機場設備点検・整備指針（案）同解説[2]」に基づく点検・整備を行っていくが，設備は設置後の経過年数が長くなるに従い，割れ・はく離・摩耗・変形・変質などの物理的劣化が進行し，機器の性能の低下や故障率の増加が起こる．また，機場を取り巻く環境条件が建設当初に比べ種々変化していくため，機場は徐々に環境に対応できなくなる．あるいは整備における技術革新や社会の要求水準が高度化することから，時代が進むにつれて相対的に設備の陳腐化が生じる．

このように，設備設置後の経過年数が長くなった機場設備では，点検・整備による予防保全や故障部分をその都度修理・交換するといった対症療法（事後保全）では限界があり，機場の信頼性を確保するのがむずかしく，現状の設備機能の総合的な見直しが必要となる場合がある．

このような場合，設備の総合診断を行うことによって対処しなければならない．設備の総合診断は，定期点検・整備の記録等を元にして構成機器，システムあるいはポンプ設備を対象に揚排水機能の維持・向上を目的として，信頼性，経済性，安全性および運転・維持管理性の面から総合評価し，合理的な改善策や更新の方向付けを行うものである．したがって，総合診断の実施と更新等の検討は河川ポンプ設備としての機能を維持向上するために欠くことのできないものである．

総合診断は，点検以上に設備全体の見直しを専門的に行うため，高度な知識を持つ専門技術者に任せるのがよい．具体的な実施手順については，「河川ポンプ設備更新検討マニュアル[10]」を参照されたい．

### 5.4.2 事例紹介[11]

診断事例として，設備の老朽化が見られる事例を以下に述べる．

#### （1） 運転状況の把握

概況……機場設置後 35 年が経過しているが，現在特に問題となるような不具合は発生していない．しかし，設備を設置してから年数が経っており，原動機の始動性が悪くなってきつつあることなど，重大な故障につながる要因が潜在している可能性があり，排水機能を喪失するおそれがある．

運転操作員に最近の運転状況を確認したところ，現在排水機能に支障はないが，次のような情報

を得た．

・原動機の始動性が悪い．
・主ポンプ，減速機の軸受温度が高くなる傾向にある．

以上により「総合診断の必要性の検討」を行うことにした．

### （2） 総合診断の必要性の検討

設置後既に35年が経過しており，設備の老朽化が懸念される．したがって，「物理的要因」を動機として総合診断の必要性の検討を進める．「河川ポンプ設備更新検討要綱・同解説[6]」に記載された総合診断の必要性の検討フロー図に基づき**表5.2**のように検討を進める．

表5.2　総合診断の必要性の検討内容

| ステップ | 検討内容 | 判定 |
| --- | --- | --- |
| ① | 設備設置後の経過年数が長く，設備の老朽化が懸念されるため，物理的要因を動機として検討を進める | 物理的要因 |
| ② | 耐用年数超過の判定<br>ポンプ設備設置後，経過年数は35年である．<br>主ポンプの耐用年数の目安は30年であり，超過しているので，「Yes」とし，次のステップへ検討を進める． | Yes |
| ③ | 重要機器か否かの判定<br>設備全体を対象とした検討であるので，重要機器は当然含まれているので「Yes」とする． | Yes |
| 検討結果 | 更新検討フローにより，総合診断が必要と判定される． | |

以上の結果から，総合診断が必要であると判定された．本事例では設備全般の老朽化が懸念されることから，設備全体の現状での機能および状況を把握するため「全般概略診断」を実施し，問題点の抽出および改善策を検討する．

### （3） 総合診断の動機と目的

動機……本設備は設置後の経過年数が「更新耐用年数（目安）」を経過しているうえに，設備の老朽化によると考えられる不具合の情報もあるので，物理的要因[注1]を動機として検討を進める．

目的……「全般概略診断」を行って，施設全体の状況を調査・整理し，不具合発生の可能性を分析するとともに，個別機器の不具合が，排水機能に与える影響およびシステム・機器の修理・更新の実施に伴う操作制御設備への影響範囲と改造範囲を明確にすることにより，経済的かつ合理的で信頼性の高い修理・更新計画を策定することを目的とする．

---

注1）「河川ポンプ設備更新検討マニュアル[10]」では総合診断の必要性の検討を行い，異常の発生，老朽化，機能の向上要求など検討を行う要因がある場合，それを
　① 物理的要因　：　経年劣化
　② 機能的要因　：　機能の高度化による陳腐化など
　③ 社会的要因　：　急激な都市化やニーズの多様化など社会環境の変化
　に分けて検討を進める

（4） 全般概略診断の実施

調査，分析検討を行った結果，下記のとおりとなった．

① 設備設置後35年経過していることも考慮し，部分的な改良・改善にとどまらず全面的な見直しを含めて検討する必要がある．
② 点検・整備や故障修復にかかる維持管理費が年を追うごとに増加している．
③ 主ポンプは，次のことを条件として継続使用が可能である．
　・1号機の羽根車を交換する
　・1号機の外軸受および水中軸受を交換する
④ 減速機は，次のことを条件として継続使用が可能である．
　・1号減速機の歯車の交換を行う．
⑤ 原動機は，次のことを条件として継続使用が可能である．
　・設置後経過年数が長く，老朽化しているため各部分において不具合が潜在していることが懸念され，重大事故につながる要因となるおそれがあるため，1号機および2号機とも分解・整備を行い経年劣化による不良部品の交換を行う．
　・継続期間中は，点検・整備を入念に実行するとともに異常事態の早期発見と対処に備える必要がある．
　・原動機は，製造中止機種となっているため，在庫品はなく部品の入手が困難であり，将来，主原動機の更新が必要である．
⑥ 継続使用する場合は，次のことを考慮する必要がある．
　・システム，機器の予備品内容，数量の検討を行い確保する．
　・1号，2号可とう伸縮継手は偏心しており，安全性を考慮して交換を行う．
　・1号および2号逆流防止弁の弁体の腐食が著しく，脱落の原因となるため取り替える．
　・原水取水用複式ストレーナだけによる対応では限界があるので，冷却方式の改善を行う必要がある．
　・真空ポンプ用補水槽が腐食しているので取り替える．
⑦ 運転操作方式は，「連動運転操作」および「単独運転操作」に変える
⑧ 省人化と安全性を考慮して，自動除塵機を設置する．
⑨ 近年は都市化の進展等により出水が早くなる傾向があるため，全面更新する場合は，主ポンプは起動に時間のかからない立軸ポンプとする．

（5） 措置方法の提案

総合診断の結果により，本ポンプ設備は設置後の経過年数が長く，重要機器の各所に経年劣化が見られるため，ポンプ設備全般の改善および運転操作・維持管理の向上を図る必要がある．

そこで改善案を列挙し，概略比較検討を行う（表5.3）．

改善案の概略比較結果より，次の2案について，さらに検討を行う．

第1案：機器の老朽化に伴う抜本的な省力化への対応が，すぐには困難であるので，暫定措置と

表5.3 改善案

| 改善案 | 信頼性 | 操作性 | 運転・維持管理性 | 改造・修理費建設費 | 概略検討の結果 |
|---|---|---|---|---|---|
| 1. 部分更新 | △ | △ | △ | 中（＊＊＊万円） | ○ |
| 2. 現有設備を修理・改造し，継続使用 | △ | × | × | 小（＊＊＊万円） | ― |
| 3. 横軸ポンプ場に全面更新 | ○ | △ | △ | 大（＊＊＊＊万円） | ― |
| 4. 立軸ポンプ場に全面更新 | ○ | ○ | ○ | 大（＊＊＊＊万円） | ○ |

○：優れている　△：普通　×：劣っている

しては現有ポンプ設備の修理・改造などを行い，恒久措置として，設備の簡素化による信頼性の向上や運転操作の容易化を目的とした立軸ポンプ場への全面更新とする．

第2案：機場本体・上屋などの土木・建築関係は継続使用し，ポンプ設備は部分更新とする．

上記2つの案を比較検討した結果を**表5.4**に示す．

## 5.5 補修手法の選定と事例

### 5.5.1 補修方法の選定

機械設備である揚排水機場ポンプ設備は，他の土木設備に見られるような設備の「補強」はほとんど見られない．損傷劣化部分の補修は，点検によって得られた状況により，摩耗・劣化・破損などについては部品交換によって対応し，腐食部分については，補修のうえ再塗装等が実施される．排水機場における主な補修実施例は表5.5のとおりである．

### 5.5.2 事例紹介

主ポンプ羽根車の補修方法の検討事例を紹介する．事例のポンプ形式は，立軸斜流ポンプで吐出口径は1500mmである．本事例で紹介する機場は設置後24年経過したものである．

メーカー工場での分解点検の結果，羽根車は次のような状況であった．

・翼の入口部と出口部が腐食・侵食によって肉厚が減少している．

・翼面にクレーター状の腐食箇所が確認される（深さ2〜5mm）．

・翼外周面の腐食，侵食箇所が確認された．

羽根車の腐食状況を，**写真5.19**に示す．

羽根車の補修方法について検討した結果，**表5.6**のとおりとなった．すなわち，現状の応急処置を実施した場合は施工・工程・コストの面では有利であるものの，羽根肉厚が薄くチップクリアランスが大きくなるため性能・耐久性の面で劣る．また，他の溶接肉盛案やコーティング案も性能などの面で問題があり採用には至らない．羽根車新製案は，コストがかかるものの当初の性能が回復され，材質の変更により耐食性が増し，さらに今後は通常の点検整備で対応が可能であるなど利点

5.5 補修手法の選定と事例

表 5.4 更新案の比較

| 項目 | 第 1 案 暫定措置案 | 第 1 案 設備全面更新案 | 第 2 案 部分更新案 |
|---|---|---|---|
| 更新概要 | ・土木、建築は継続使用する。<br>・1号主ポンプの羽根車の交換を行い継続使用する。<br>・逆流防止弁の取替えを行う。<br>・1号減速機の歯車の交換を行い継続使用する。<br>・主原動機は部品の修理・交換を行い継続使用する。<br>・補助機器設備の予備機の点検・整備を行い継続使用する。<br>・電源設備は点検・整備を行い継続使用する。<br>・操作制御設備は予備機を入念に点検・整備を行い継続使用する。<br>・操作制御設備は予備品の増設に伴い、盤の改造をする。<br>・除塵設備（除塵機、貯留設備）は設置しない。<br>・附属機器は継続使用する。 | ・土木、建築<br>・主ポンプ、建築<br>・主ポンプ駆動設備<br>・電源、監視、操作制御設備<br>・除塵設備、付属設備<br>・機場を全面更新し、立軸ポンプ場とする。<br>・主ポンプは無給水形とする。<br>・主原動機の冷却方式は機内冷却方式ラジエータ冷却方式、冷却水系統の簡素化を図る。 | ・土木、建築は継続使用する。<br>・主ポンプの修理・取替えを行い継続使用する。<br>・主ポンプ駆動設備<br>・補助機器設備<br>・監視・操作制御設備<br>・電源設備<br>・除塵設備<br>・主ポンプは無給水形に改造する。<br>・減速機の冷却方式は遊星歯車減速機、冷却方式は自然冷却とする。<br>・主原動機の冷却方式は管内クーラ方式、冷却水系は点検・整備を行って継続使用する。<br>・付属設備の天井クレーンは点検・整備を行って継続使用する。 |
| 排水機能 | 老朽化設備を修理交換することで、当面の排水機能は確保できる。 | 信頼性が向上することから排水能力を十分発揮することが可能となる。 | 信頼性が向上することから排水能力を十分発揮することが可能となる。 |
| 信頼性 | 現状のシステムでは、設備の陳腐化、老朽化により、改善案に比べて信頼性は劣る。 | 補助機器設備の諸水系統が省力化され、冷却水系統の数が簡素化され信頼性が向上し信頼性が向上する。 | 冷却水系統が簡素化され機器の数が減少するため、信頼性が向上する。 |
| 操作性 | 機側単独手動操作であり、操作が複雑となる。 | システムが簡素化されるとともに、連動運転が可能となるため操作性が向上する。また、早い出水への対応がよりやりやすくなる。 | 連動運転が可能となるため操作性は向上する。 |
| 運転管理体制 | 運転操作員、補助員を含め7名で運転管理を行う。 | 操作性が向上するため、運転操作員1名と補助員で対応可能となる。 | 操作性が向上するため運転操作員1名と補助員で対応可能である。 |
| 維持管理体制 | 点検すべき機器が多く、また陳腐化しているので維持管理に要する負担も大きい。 | システムが簡素化されるため点検項目は減少し、維持管理に要する負担が軽減される。 | システムが簡素化されるため点検項目は減少し、維持管理に要する負担が軽減される。 |
| 土木・建築への影響 | 現状のとおりであり影響は少ない。 | 新規に土木・建築の建設が必要である。 | 現状のとおり影響はない。 |
| 環境への影響 | 潤滑油、グリースの漏れによる公害が心配される。 | 影響はない。 | 潤滑油、グリースの漏れによる公害が心配される。 |
| 自動化対応 | 対応は不可能 | 対応可能 | 対応可能 |
| 設置スペース | 現状どおり | 新規に用地を確保する必要がある。 | 現状どおり |
| 建設費 | 小（***百万円） | 大（****百万円） | 中（****百万円） |
| 総合評価 | | ○ | △ |

表 5.5 主な補修実施例

| 設備 | 問題点 | 具体的改善策 |
|---|---|---|
| 主ポンプ設備 | 羽根車の摩耗や孔食 | 溶接肉盛による補修を行う |
| 除塵設備 | 動作不良 | 除塵機の防錆処理によって当初機能の維持を図る. |
| 機場上屋 | 管理室の間仕切壁の遮音性が不足している | 管理室について壁の増打ちを行い,必要に応じて柱を補強する. |

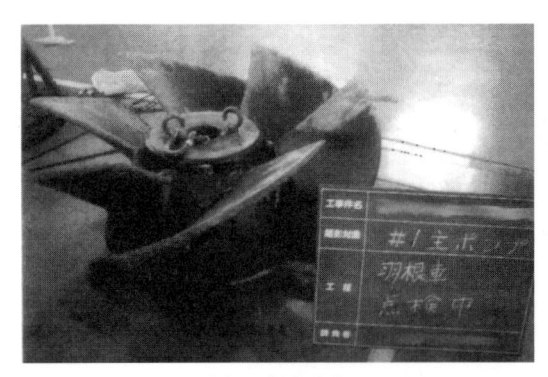

(a) 羽根車全体 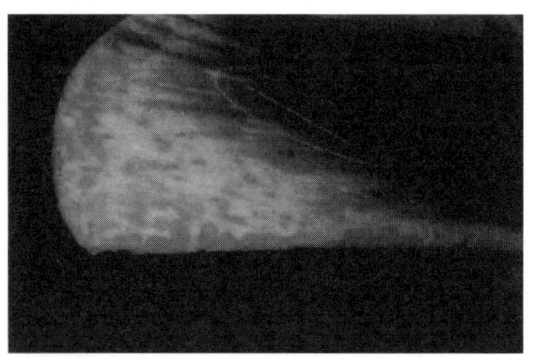　　　　　　　　　　(b) 翼腐食状況

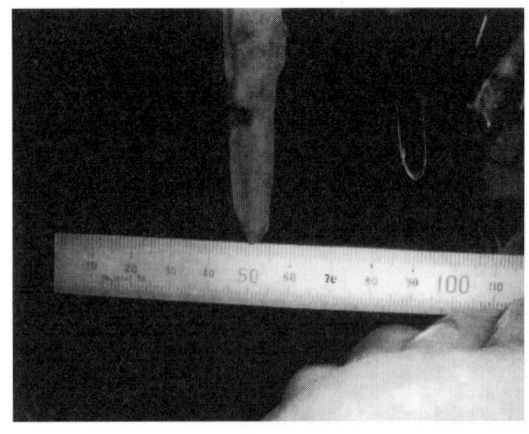

(c) 羽根車翼外周部 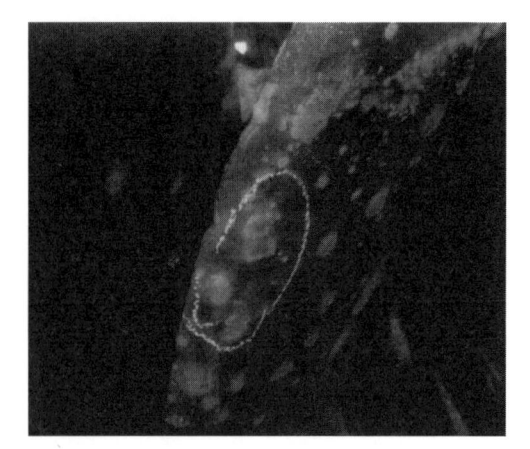　　　　　　　　(d) クレーター状の腐食箇所

**写真 5.19** 補修方法の検討事例における羽根車の劣化状況

が多く,新製案を採用した.

### 5.5.3 運転時の応急復旧・故障対応

**(1) 排水運転時の故障対応**

排水ポンプ設備については,大雨出水の際には確実な運転が要求されるとともに,運転時の故障に対する応急復旧・故障対応が特に重要である.

出水時の排水運転では,機場として所定の排水能力を発揮することが肝要である.したがって,

5.5 補修手法の選定と事例

表5.6 羽根車の補修方法の検討

| | ①現状の応急処置 | ②溶接肉盛案 | ③コーティング案 | ④新製案 |
|---|---|---|---|---|
| 施工概要 | 羽根車の腐食・侵食部を除去（削り）し復旧 | 羽根車の腐食・侵食部を除去（削り）し溶接肉盛補修 | 羽根車の腐食・侵食部を除去（削り）しコーティング補修 | 羽根車を耐食性の優れたステンレス鋳鋼（SCS 13）で新製 |
| 施工上の問題点 | 問題なし ○ | SC材は溶接が可能であるが補修箇所が多く溶接によって熱ひずみ・残留応力が発生するため翼面形状や機械加工面の形状を現状どおり保つことが困難 × | 問題なし ○ | 問題ない ○ |
| ポンプ性能 | 羽根車翼表面の腐食・侵食部が深く、腐食・侵食部を除去した場合、全揚程低下およびポンプ効率低下が予想される × | 翼面および翼端部の溶接による熱ひずみ、残留応力が発生し、翼面形状寸法に影響が出るため、当初のポンプ性能を保つことが不可能である × | 羽根車外径や翼面の補修により現状より若干良い性能を回復できるものと予想される。コーティング膜厚により若干流路が狭くなるため流量がわずかに減少する可能性がある。 △ | 当初の性能に回復する。 ○ |
| 耐久性 | 腐食・侵食部を除去することにより肉厚が製作時より薄くなるため、今後長期間の使用は困難である。また、早めの交換を考慮する必要あり。 △ | | 腐食の進行を一時的に抑えることができる。ただしコーティング膜は堅いため、固形異物の衝突により割れやすく離が発生しやすい。耐久性については数年間の運転頻度・時間から耐えられないと推定される △ | 今後長期間の使用が可能である。SC材に比べ、耐食性の面でさらに優れている。現状の技術基準に合致する ○ |
| 工程への影響 | 影響なし ○ | | 1か月ずれる △ | 2か月ずれる △ |
| コスト比較 | 部品の補修費は最も安価であるが、能力低下による運用上のリスクが大きい。また、数年後には再度ポンプ整備が必要となる。 △ | 部品の補修は最も安価であるが、能力低下による運用上のリスクが大きい。また、数年後には再度ポンプ整備が必要となる。 △ | 羽根車新製よりは安価であるが、コーティングの補修のため、数年後にはポンプの分解が必要である。 △ | 部品は最も高価であるが、次回のポンプ整備までは通常の点検整備で対応が可能 ○ |
| 総合評価 | 主ポンプの信頼性および次回のポンプ整備までのコストを踏まえた場合において、④の新製案が最良の選択と考える。 | | | ○ |

故障があった場合の対応としては，①他号機による排水運転の実施，②運転および故障状況の報告，③故障箇所および原因の発見，④応急復旧による運転などを行うこととなる．

（a）他号機による排水運転の実施

排水機場では，危険分散等を考慮して通常複数台の排水ポンプが設置されているので，運転時に故障を起こした機器があったら，速やかに他の機器（他号機）に切り替えて排水運転を実施するように落ち着いて対処することが重要である．

（b）運転および故障状況の報告

機場の運転員は，管理担当事務所の職員と密接に連絡をとり運転および故障状況の報告を行う．また，故障を起こした機器の対応について事務所からの指示や応援を得るとともに，状況によりメーカーの専門技術者等による応援が必要となる．

（c）故障箇所および原因の発見

排水ポンプ設備では，通常，中央操作盤および機側操作盤に故障状況の表示が行われる．

排水ポンプ設備の故障は「重故障」と「軽故障」に大別され，故障が発生すると，操作盤の故障表示灯の該当箇所が点灯し，ベル（重故障）またはブザー（軽故障）による警報が鳴る．

・重故障とは，各機器などが損傷する重大な故障が生じ，主ポンプを非常停止させる必要のある故障である．

・軽故障とは，しばらくの間，主ポンプの運転をしても支障のない故障である．

故障表示を把握した後，該当する機器の機側に行って故障箇所の目視確認を行う．例えば，始動条件が成立しなかった場合は，吸込み水槽の水位，冷却水，燃料，空気系統，保護装置の復帰状態などについて，ゲートや弁類の開閉が正常か，漏れはないか，検出器に異常がないかなどを調査することとなる．

故障発見・回復後，故障復帰押しボタンスイッチをおしてランプを消灯し，保護回路を正常に戻す必要がある．

（d）応急復旧および運転

故障箇所が明らかにできた後，系統機器設備のように予備の機器への切替えで対応できる場合には，予備機へ切り替えての再運転を試みる．また，制御系統の故障等による場合は，運転方法を機側単独運転に切り替えて運転することも有効である．

このような排水運転に際しての故障対応は大きな緊張感の下での作業となることから，運転員だけでなく管理担当事務所やメーカーなどの専門技術者の協力が不可欠であり，排水運転時の支援体制をしっかりと作り上げておくことが重要である．

各機器の故障時の対応方針については「揚排水機場設備点検・整備実務要領[3]」に示されているので，参照されたい．

## 参考文献

1) 国土交通省総合政策局建設施工企画課監修，(社) 河川ポンプ施設技術協会編：揚排水ポンプ設備技術基準（案）同解説　揚排水ポンプ設備設計指針（案）同解説，平成13年2月
2) 国土交通省大臣官房技術調査課・国土交通省総合政策局建設施工企画課・国土交通省河川局治水課監修，(社) 河川ポンプ施設技術協会編：揚排水機場設備点検・整備指針（案）同解説，平成13年2月
3) 国土交通省総合政策局建設施工企画課監修，(社) 河川ポンプ施設技術協会編：揚排水機場設備点検・整備実務要領［排水機場編］［揚水機場編］［解説編］，平成14年5月
4) (社) 河川ポンプ施設技術協会：排水ポンプ設備の運転操作マニュアル，平成16年5月
5) (社) 河川ポンプ施設技術協会：河川ポンプ施設総覧　2001年版，平成13年1月
6) 建設省建設経済局建設機械課・建設省河川局治水課・建設省河川局都市河川室：河川ポンプ設備更新検討要綱・同解説，平成6年1月
7) 建設省河川局治水課：揚排水機場耐震点検マニュアル・解説，平成7年7月
8) (社) 河川ポンプ施設技術協会：河川ポンプ設備管理技術テキスト，平成9年10月
9) (社) 河川ポンプ施設技術協会：ポンプ施設管理技術者（更新）テキスト，平成16年4月
10) (財) 国土開発技術研究センター編：河川ポンプ設備更新検討マニュアル，山海堂，平成8年3月
11) (社) 河川ポンプ施設技術協会：河川ポンプ設備更新検討事例集，平成8年3月
12) 建設省土木研究所・機械研究室：土木研究所資料　揚排水ポンプ保全実態調査報告（第2報），昭和58年12月
13) 建設省河川局監修，(社) 日本河川協会編：改訂新版　建設省河川砂防技術基準（案）同解説［設計Ⅰ］，平成10年3月
14) (財) 国土開発技術研究センター編：改定　解説・河川管理施設等構造令，(社) 日本河川協会，平成12年4月

# 6章 道路橋

## 6.1 施設の概要

　河川管理施設等構造令[1]において規定される橋梁は，道路，鉄道，水道およびガス管等が河川を横過するもの（河底を横過するものを除く）であるが，本章ではこれらの中で最も数の多い道路橋について解説する．

　現在，わが国には橋長15m以上の道路橋が約14万橋ある．これらの中には，都市内高架橋のように陸上部に建設されているものもあるが，大半は河川を渡河するために建設されており，通常，河川区域内に橋脚・橋台およびその基礎（これらを下部構造という）が設置されている．

　河川に架けられた橋梁は，橋脚が洪水時の水流を遮るため，橋梁の上流側で堰上げが生じたり，流れの作用力によって橋脚や上部構造が流失することがある．また，橋台・橋脚周辺の河床が局所洗掘され，橋台・橋脚が傾斜したり，転倒することもある．さらに，橋梁周辺の護岸，護床工，堰，床止めなどの河川構造物に影響を及ぼす場合もある．

　平常時，河川の影響によって橋梁の損傷，劣化が急激に進行することはほとんどないが，橋梁の上下流部でダムや堰等の河川構造物が建設されたり，大量の砂利採取等が行われると，水流によって運ばれる土砂の需給バランスが崩れ，河床全体が低下し，基礎が不安定な状態になることがある．

　以上のように，道路橋は河川管理上，重要な構造物の一つであり，河川管理施設等構造令[1]では，**表6.1**に示すような規定が定められており，これらの規定を満足するように設計・施工が行われる．

　一方，道路橋はいうまでもなく道路構造物であり，道路橋示方書[2]に基づいて設計・施工が行わ

表6.1　橋梁に関する河川管理施設等構造令の規定

| 条 | 項　目 | 内　　容 |
|---|---|---|
| 60 | 河川区域内に設ける橋台および橋脚の構造の原則 | 河川管理上必要とされる条件を総括的に定めた訓示規定 |
| 61 | 橋台 | 橋台前面の位置および方向，底面の位置，ピアアバット |
| 62 | 橋脚 | 形状および方向，根入れ，位置，阻害率 |
| 63 | 径間長 | 定義，基準径間長，緩和，特例，近接橋の特則 |
| 64 | 桁下高等 | 桁下高，橋面高 |
| 65 | 護岸等 | 護床工および高水敷保護工，護岸 |
| 66 | 管理用通路の構造の保全 | 管理用通路，取付道路 |
| 67 | 適用除外 | 湖沼，遊水地等の区域内に設ける橋<br>堤外水路等に設けられる橋，管理橋等（特に堰の管理橋） |

れる．道路橋示方書では，道路橋に作用する種々の荷重に対して安全であるように設計することが規定されており，河川に関連する荷重としては，静水圧，流水圧がある．設計では，想定する状況に応じてこれらの荷重を橋台・橋脚に作用させて設計が行われるが，通常，橋台・橋脚の設計では地震荷重が支配的であり，静水圧，流水圧によって設計が決まることはまれである．

河川に関連するその他の規定としては，設計上の地盤面に関する規定において，河川敷内に基礎を設置する場合は，現地盤面から将来の洗掘による低下を見込んだ位置まで下げて設計上の地盤面とすることが規定されている．また，湾曲部，水衝部などに基礎を設置する場合は洗掘防止工を設置するのが望ましいと規定されている．これは，後述するように，洗掘による基礎の被害が多いことを考慮して定められたものである．ただし，将来の洗掘深さの推定方法は示されておらず，河川管理施設等構造令で規定されている深さに基礎を設置することが一般的である．

これらの道路橋は高度経済成長期に建設されたものが多く，今後，老朽化が進み，補修・補強を要する道路橋が急激に増加することが予想される．このため，平時から適切な点検・維持管理を実施し，損傷・劣化が発見された場合，その損傷・劣化度を精度よく診断し，損傷・劣化度に応じた適切な補修・補強を行う必要がある．

## 6.2 損傷の実態

表6.2は，最近の主要な洪水により流失した橋梁の数を示したものである[3]．流失した橋梁は大半は古い小規模橋梁であること，また，洪水時は警戒体勢や交通規制等などの事前対策が行われるため，人身事故等の重大被害に結びつくことは少ないなどの理由により，社会的にはそれほど問題

表6.2 主要な洪水による橋梁被害

| 年 | 月/日 | 洪　　水 | 流失数 |
|---|---|---|---|
| 平成 2 | 6/28— 7/ 3<br>9/16— 9/22<br>9/27—10/ 1 | 豪雨<br>台風19号<br>台風20号 | 198<br>262<br>51 |
| 平成 3 | 6/28— 7/ 5<br>9/18— 9/20 | 豪雨<br>台風18号 | 30<br>95 |
| 平成 4 | 8/ 6— 8/10 | 台風10号 | 36 |
| 平成 5 | 6/19— 6/24<br>9/ 1— 9/ 5 | 豪雨<br>台風13号 | 45<br>113 |
| 平成 6 | 9/27—10/ 1 | 台風26号 | 52 |
| 平成 7 | 6/29— 7/24 | 豪雨 | 133 |
| 平成 9 | 7/ 2— 7/18<br>9/12— 9/17 | 豪雨<br>台風19号 | 34<br>83 |
| 平成 10 | 8/25— 9/ 1<br>9/18— 9/26<br>10/13—10/18 | 豪雨<br>台風7，8号，豪雨<br>台風10号，豪雨 | 73<br>81<br>57 |
| 平成 11 | 6/22— 7/ 4<br>9/13— 9/25 | 梅雨<br>台風16，18号，豪雨 | 78 |

| 平成 12 | 9/ 8— 9/18 | 台風 14 号ほか | 95 |
| --- | --- | --- | --- |
| 平成 13 | 8/19— 9/23 | 台風 11 号ほか | 31 |
|  | 9/ 8— 9/12 | 台風 15 号ほか | 52 |
| 平成 14 | 7/ 8— 7/12 | 梅雨, 台風 6 号 | 84 |
|  | 9/30—10/ 2 | 台風 21 号ほか | 12 |

視されていないが，その数の多さは特筆される．

洪水による代表的な被害事例として土木研究所で調査した2つの事例を紹介する．

### 6.2.1 平成2年7月九州中・北部梅雨前線豪雨

平成2年，九州北部地方は6月4日に梅雨入りとなったが，梅雨前線は6月18日にいったん消滅していた．しかし，6月24日になって朝鮮半島付近に新たな梅雨前線が形成されて南下し，6月28日から7月3日にかけて九州付近に停滞し，九州各地に大雨を降らせた．特に7月2日は台風6号崩れの低気圧が九州に近づき，梅雨前線の活動が活発となったため，九州北部から中部の各地で豪雨となり，50 mm を超える時間雨量が記録された．24時間雨量は，多いところで400 mm 以上，連続雨量は600～700 mm に達した．このため，各地の河川で計画高水位，計画高水流量を超え，破堤，越水によって河川が氾濫したほか，土石流，地すべり等も発生するなど，死者27名を含む大きな被害が生じた．

表 6.3 は，この豪雨による道路橋の被害を示したものである[4]．落橋した37橋のうち，3橋は上部構造のみが流失したが，残り34橋は下部構造が変状していた．また，そのうち25橋は橋台取付部の被害も見られた．

図 6.1・図 6.2 は，被災した橋梁の数をそれぞれ橋長別，最大径間長別に示したものである．被災した橋梁は，橋長は20 m 未満が半分以上，40 m 未満が約80%，また最大径間長は15 m 未満が80% 以上を占めており，中小橋梁に被害が集中したことがわかる．図 6.3 は，被災した橋梁を架設年次別に示したものである．明治以前および架設年次不明の24橋はいずれも幅員が狭く，老朽化していたことから，そのほとんどが昭和30年代以前に架設されたものと推察される．これらのことから，被害は老朽橋に多いことがわかる．

表 6.3 平成2年7月九州中・北部梅雨前線豪雨による橋梁被害

| 県名 | 橋 数 | 落 橋 |  | 落 橋 せ ず |  |  |  | 被害不明 |
| --- | --- | --- | --- | --- | --- | --- | --- | --- |
|  |  | 下部工変状 | 下部工変状なし | 下部工流失・沈下 | 下部工洗掘 | 高欄等の被害 | 取付け盛土流失 |  |
| 佐賀 | 3( 1) | 3( 1) | — | — | — | — | — | — |
| 福岡 | 26( 9) | 9( 8) | 1(0) | 3(0) | — | 5(0) | 1 | 7 |
| 熊本 | 12( 4) | 7( 3) | — | — | 2(0) | 2(0) | 1 | — |
| 大分 | 28(18) | 15(13) | 2(1) | — | — | 2(2) | 2 | 7 |
| 合計 | 69(32) | 34(25) | 3(1) | 3(0) | 2(0) | 9(2) | 4 | 14 |

( ) 内は橋台取付け部の被害を伴うもの

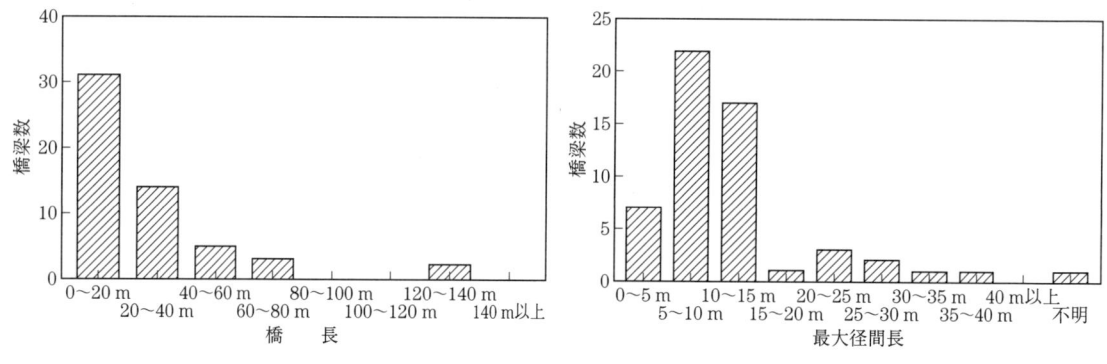

図6.1　被災橋梁の橋長別頻度分布

図6.2　被災橋梁の最大径間長別頻度分布

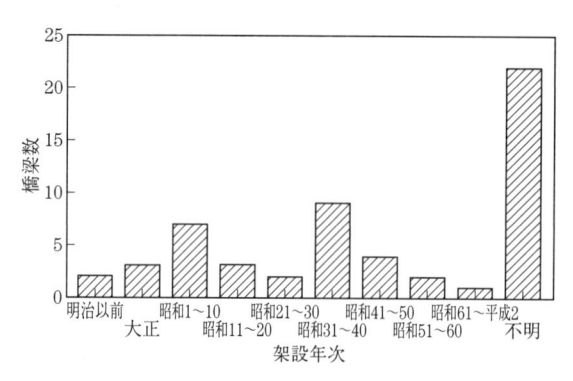

図6.3　被災橋梁の架設年次別頻度分布

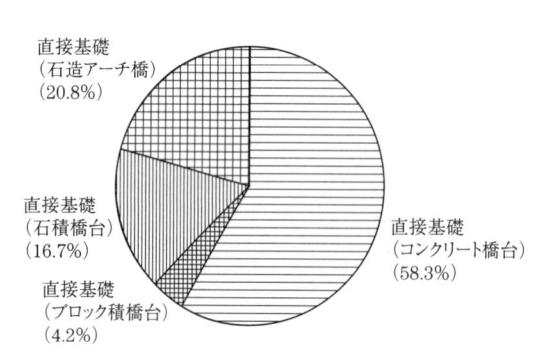

図6.4　被災橋梁の橋台基礎形式別頻度分布

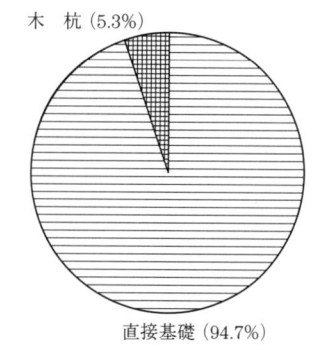

図6.5　被災橋梁の橋脚基礎形式別頻度分布

図6.4・図6.5は，被災した橋梁の橋脚および橋台を基礎形式別に示したものである．橋台基礎はいずれも直接基礎であるが，九州地方特有の石造アーチ橋の基礎や石積橋台が多いのも特徴である．橋脚基礎もほとんどが直接基礎で，残りの木杭も根入れが十分ではなかったため，被害が生じたものと考えられる．

## 6.2.2　平成10年8月末栃木・福島豪雨

平成10年8月26日から30日にかけて，一級河川の那珂川および阿武隈川の上流域にあたる栃

表6.4 平成10年8月末栃木・福島豪雨による橋梁被害

| 県名 | 橋数 | 落橋 下部工変状 | 落橋 下部工変状なし | 落橋せず 下部工流失・沈下 | 落橋せず 下部工洗掘 | 落橋せず 高欄等の被害 | 落橋せず 取付け盛土流失 | 被害不明 |
|---|---|---|---|---|---|---|---|---|
| 栃木 | 12(12) | 4( 4) | — | — | — | 5(5) | 3 | 0 |
| 福島 | 8( 5) | 2( 2) | — | 4(1) | — | 0 | 2 | 0 |
| 合計 | 20(17) | 6( 6) | — | 4(1) | — | 5(5) | 5 | 0 |

( )内は橋台取付け部の被害を伴うもの

木県北部および福島県南部において，記録的な豪雨が発生した．両県の県境付近の那須地域等では，最大90 mmもの時間雨量が記録され，この5日間の累積雨量は1200 mmに達した．この豪雨により，河川堤防の破堤，道路橋の流失，斜面崩壊等が生じ，22名の死者を含む甚大な被害をもたらした．

表6.4 (文献5)より再構成) は，この豪雨による道路橋の被害を示したものである．那珂川の支流である栃木県の余笹川水系では，谷底平野に氾濫した洪水流によって橋梁の取付盛土が橋台背面側から流失した事例が多く，落橋した4橋はいずれも背面盛土の流失に伴う橋台の流失または傾斜によるものであった．また，路面を超える洪水流によって流木が桁や高欄に掛かり，高欄に被害が生じていた．

一方，福島県の阿武隈川水系では，被災した橋梁はほとんど洗掘によって生じた橋台，橋脚の沈下であった．このように，同じ豪雨においても河川の特性や地形状況によって橋梁の被害状況は大きく異なっていた．

### 6.2.3 河床洗掘による損傷の特徴

以上の調査結果から，典型的な被災形態をいくつか紹介する．

**【事例-1：洗掘による橋脚の被害（その1）】**

洪水流は橋脚柱に衝突すると橋脚側方に向かう流れと下方に向かう流れに変化するが，洗掘は後者の流れによって橋脚上流側の河床が掘られる現象である．**写真6.1**は，別の洪水における典型的な洗掘の状況を示したものであるが，中央の橋脚柱の上流側（左側）の河床が円形に洗掘されている状況がよくわかる．

**図6.6**に被災した橋梁の側面図を示す．本橋梁の橋脚，橋台の基礎は直接基礎であった．また，**図6.7**に本橋付近の平面図を示す．本橋梁は川が大きく右に湾曲する地点に架けられており，洪水流は湾曲の外岸側に集中する傾向があった．このため，P2橋脚が洗掘によって基礎底面地盤が流されて安定性を失い，**写真6.2**に示すように橋脚が上流側に傾斜し，上部構造が沈下した．

6章 道 路 橋

写真 6.1 橋脚周辺の洗掘

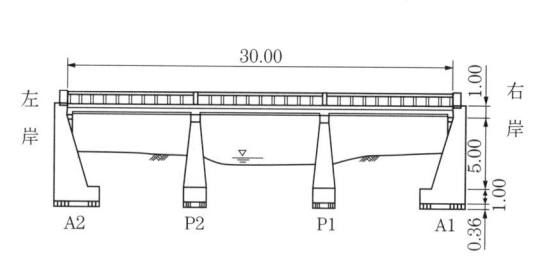

左岸　30.00　右岸
A2　P2　P1　A1
1.00 / 5.00 / 1.00 / 0.36

図 6.6 被災橋梁の側面図

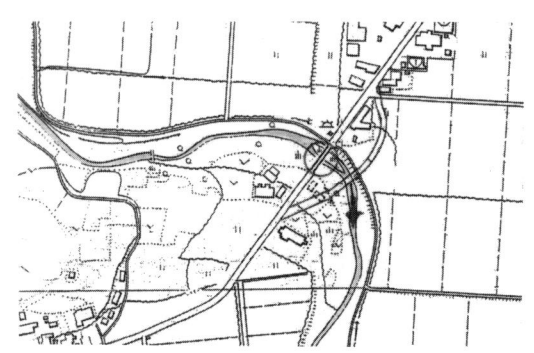

図 6.7 被災橋梁付近平面図

写真 6.2 洗掘による橋脚の被害 (1)

【事例-2：洗掘による橋脚の被害（その2）】

事例-1は湾曲区間における被害であったが，直線区間においても同様の被害が生ずることがある．写真6.3・写真6.4は，洗掘により橋脚が沈下，傾斜した事例である．写真からわかるように，多数の流木が橋脚に引っ掛かっているが，これらによって洪水の流速が乱され，速められることにより洗掘が助長されたと考えられる．

写真6.3 洗掘による橋脚の被害（2）

写真6.4 洗掘による橋脚の被害（3）

【事例-3：洗掘による橋台の被害】

図 6.8 に被災した橋梁附近の平面図に示す．本橋は例—1 と同様，川が大きく右に湾曲する地点に架けられており，洪水流が橋台および掘込み河道の河岸に直接衝突したものと考えられる．このため，図中斜線を引いた本橋から下流側の河岸が流失するとともに，本橋の橋台背面の地盤が下流側から流失し，写真 6.5 に示すように傾斜した．なお，橋台の基礎は直接基礎であった．

図 6.8　被災橋梁付近平面図

写真 6.5　洗掘による橋台の被害

## 【事例-4：橋台背面盛土の流失】

写真 6.6・写真 6.7 は，橋台の背面盛土が流失した事例である．本橋は比較的新しく架設された橋で，橋本体には被害は見られなかったが，橋によって堰上げられた洪水流が橋の背面に回り込み，橋台背面盛土を流し去ったものと考えられる．

写真 6.6　橋台背面盛土の流失（1）

写真 6.7　橋台背面盛土の流失（2）

## 【事例-5：上部構造の流失】

　写真6.8は，橋脚・橋台には被害はなかったが，上部構造が流失した事例である．写真6.9は同じ橋の流失しなかった上部構造を示したもので，多数の流木が引っかかっているのがわかる．これらによって上部構造に作用する水圧が大きくなり流失したものと考えられる．

写真6.8　上部構造の流失

写真6.9　桁に引掛った流木

　これらの調査結果等から，河床洗掘が道路橋下部構造に損傷を及ぼす最も重要な要因であることが明らかとなったが，その特徴を整理すると次のようになる[6]．

　（a）河床洗掘は，洪水時の速い水流が橋脚，橋台付近で局所的に乱され，それによって河床の土砂が流出し，河床が低下する現象である．その結果，橋脚，橋台基礎に沈下，傾斜，転倒等の変状が生ずる．

　（b）河床洗掘は，大規模な出水時に急激に進行することもあるが，一般的には何回もの出水の

繰返しによって徐々に進行する．
　（ｃ）河床洗掘による基礎の変状は，洗掘の進行に比例して進行するのではなく，洗掘の度合いがある限界を超えると急激に進行することが多い．したがって，平常時に基礎に変状が現れていなくても洗掘がかなり進行している場合がある．
　（ｄ）河床洗掘を受けた基礎は耐荷力が低下しているため，地震時に不安定となる可能性がある．

　河床洗掘を受けやすい橋梁基礎はいくつか共通の特徴を有するが，代表的なものを以下に示す．
① 急流河川（河床勾配がおおむね 1/250 以上）
　急流河川は流速が大きく，また，水位が上昇しやすいので土砂が流出しやすい．
② 扇状地
　扇状地は河床勾配が急で流速も大きく，河床は出水の度に侵食と堆積を繰り返して移動するので，流心も変わりやすく河床全体が急激に低下する危険性がある．
③ 湾曲部，水衝部，深掘れ部，澪筋部等
　局部的に流速が大きくなり，流心が変わりやすいため，河床が低下しやすい．
④ 砂州が発達した河道
　砂州が発達した河道では，流れは砂州の間を縫うようにして蛇行し，深掘れ部が左右岸交互に形成され，砂礫堆は下流に向かって移動するので，河川の横断形状が経時的に変化し，州，浅瀬，深掘れ部，水衝部の位置が移動する．
⑤ 上下流の河道に比べ，流下断面が絞られている狭隘部
　出水時に水位上昇し，流速が大きくなるため，河床や河岸が洗掘されやすい．
⑥ 河川の合流部
　双方の流水方向が異なるため渦流が生じて洗掘されやすい．
⑦ 河積阻害率が大きい橋梁
　短い桁の橋梁で橋脚数が多いなど，河積阻害率が大きい橋梁では，流水を阻害するだけでなく，流下物等が橋脚に引っかかり，上流側の水位を堰上げて橋脚に過大な流水圧が作用し，河床が洗掘されやすい．
⑧ 桁下高が不足している橋梁
　増水時に流下物が引っかかる可能性，桁が冠水する可能性が高く，上流側の水位を堰上げて河床が洗掘されやすい．また，河道からあふれた流水が橋台背面土砂を流出させることもある．
⑨ 橋台が河川内に突出している橋梁
　水流が橋台付近で乱され，橋台や周辺護岸，堤防あるいは取付け道路等が洗掘されやすい．
⑩ パイルベント橋脚
　パイルベント橋脚は，渦流をおこしやすく，また，流木等の流下物の引っかかりによる河積阻害を生じやすく，橋脚周辺に異常洗掘を起こす可能性が高い．
⑪ 根入れの小さい基礎（直接基礎等）

根入れの小さい基礎では，洗掘深さの増大とともに安定性が急激に低下する．

⑫　河川の上下流に隣接して架けられている橋梁

隣接する橋脚の間で水流が乱され渦が発生し，局所洗掘が生じる可能性が高い．

⑬　設計年代（架設年代）の古い橋梁

経年変化で洗掘が生じている可能性が高いこと，老朽化により耐荷力が低下していること，径間長が短いものが多いこと，架設当時の技術力が低かったため基礎が支持層まで達していないものや根入れが不十分なものが多数存在すること，また，対策工が十分でないことなど，洗掘に対する安定性は一般に低いと考えられる．

①〜⑥は河道の特性に関する要因，⑦〜⑬は橋梁の構造特性に関する要因である．

## 6.3　点検・維持管理

既設の道路橋を管理していくためには，適切な維持管理が必要である．しかし，河川工作物としての道路橋に対する具体的な維持管理手法は確立されていない．ここでは，基準が整備されている道路構造物としての点検・維持管理を中心に述べる[7,8]．

道路橋の下部構造に対する点検・調査は，通常，上部構造を含めた橋梁全体の点検を行う橋梁点検の中の一部として行われている．

橋梁点検は，日常に行われる一般点検（通常点検，定期点検），災害時（洪水，地震等）に行われる異常時点検および災害による被害の防止または安全性の確保のために行われる特別点検（耐震，防災点検）から構成される．また，これらの点検において損傷が発見された場合は，補修・補強の必要性を判断するために，詳細調査が行われる．さらに，状況に応じて損傷の進行状況を把握するために追跡調査が行われる．それぞれの点検・調査の目的，内容は以下のとおりである．

（1）　通常点検

主に橋面上から損傷の早期発見を図るため，原則として日常の道路巡回時にパトロールカーの中から行う目視点検で，全橋梁を対象とする．ただし，年数回程度，徒歩による橋梁下面からの目視点検を行う場合もある．

（2）　定期点検

主に目視および簡易な点検機械・器具等を用いて橋梁の細部にわたる異常や損傷を発見し，その概略的な程度を把握する目的で行う点検で，原則として橋長15 m以上の橋梁および点検が必要な橋梁が対象である．2年に1回程度の遠望点検と，10年に1回程度の近接点検に分けられる．遠望点検は徒歩を原則とし，必要に応じてボートなどで行う．近接点検は点検車あるいは工事用足場を用いることを原則とし，必要に応じてボートなどで行う．

（3）　異常時点検

地震，台風，豪雨，豪雪等の災害が発生したとき，もしくは発生のおそれがある場合と，異常が発見された場合に，主に橋梁の安全性を確認するために行う点検である．

## （4） 特別点検（耐震，防災点検）

地震やその他の災害による橋梁の被害を防止するため，あるいは道路施設の安全性確保のために行われる点検であり，全国一斉に同一要領で実施される．

## （5） 追跡調査

上記点検で発見された損傷の中で，進行状況を把握する必要がある損傷について，目視および簡易な点検機械・器具を用いて継続的に行われる調査である．

## （6） 詳細調査

損傷した部位の補修・補強の必要性を判断するために，主に点検機械・器具を用いて実施する調査である．

以上のように，日常に行われる一般点検（通常点検，定期点検）は，どちらかというと上部構造の点検が主体となっている．これは，上部構造では疲労や劣化等の経年的な損傷が主な損傷であり，日常的な点検が重要であるのに対し，下部構造では地震，洪水等の突発的な現象による損傷が主であるため，日常的な点検よりも特別点検や災害の前後に行う異常時点検に重点が置かれているためと考えられる．しかし，前述のように洗掘は徐々に進行していくものであり，一般点検においても点検することが望ましい．

橋梁点検では，点検結果に基づき部材別に損傷度の判定が行われるようになっており，洗掘の場合は，表6.5・表6.6に示す基準および標準に基づき損傷度の判定が行われる．しかし，この判定

表6.5 洗掘に対する損傷度判定基準

| | | 損傷が耐荷力，耐久性に与える影響 | |
|---|---|---|---|
| | | 大 | 小 |
| 位置あるいはパターン（X） | 区　分 | 直接基礎 | 杭基礎，ケーソン基礎 |
| | 具体的事例 | — | — |
| 深さ（Y） | 区　分 | 洗掘が著しい | 洗掘がある |
| | 具体的事例 | 下部工基礎が流水のため著しく洗掘されている | 下部工基礎が流水のため洗掘されている |
| 拡がり（Z） | 区　分 | — | — |
| | 具体的事例 | — | — |

判定区分

| X | Y | 全部材 |
|---|---|---|
| 大 | 大 | Ⅱ |
| | 小 | Ⅱ |
| 小 | 大 | Ⅱ |
| | 小 | Ⅲ |

表6.6 損傷度判定標準

| 判定標準 | 一　般　的　状　況 |
|---|---|
| Ⅰ | 損傷が著しく，交通の安全確保の支障となるおそれがある |
| Ⅱ | 損傷が大きく，詳細調査を実施し補修するかどうかの検討を行う必要がある |
| Ⅲ | 損傷が認められ，追跡調査を行う必要がある |
| Ⅳ | 損傷が認められ，その程度を記録する必要がある |
| O.K. | 点検の結果から，損傷は認められない |

6章 道路橋

表6.7 (1) 防災カルテ様式Ⓐ

| 地建・都道府県等名 | ○○県 |
|---|---|
| 管理機関名 | ○○土木事務所 |
| 管理機関コード | ＊＊＊＊＊＊＊ |

| 施設管理番号 | Ｎ＊＊Ｈ０１０１１ | 点検対象項目 | 橋梁基礎の洗掘 | 路線名 | 一般国道○○号 | 距離標(自) | 2:0:2:9:0 (至) 2:0:4:1:0 | 橋梁名 | ○○大橋 | 上・下 | 上下 (他) | 北緯 | 34°39′46″ | 東経 | 132°21′31″ | 橋長 | 120.0 m |
|---|---|---|---|---|---|---|---|---|---|---|---|---|---|---|---|---|---|
| 事業区分 | 一般・有料 | 道路種別 | 一般国道 | 現道・旧道区分 | 現道 | 所在地 | ○○県○○市 | 河川名 | ○○川(○○川) | 休日 | 3820台/12h | DID区間 | 該当・非該当 | 迂回路 | 有・無 |
| 事業通行規制区間指定 | 有(通行・特殊)・無 | 規制基準等 | 連続 200 mm 時間 80 mm | 交通量 | 平日 2520台/12h | 河川管理者 | 一級河川(○○県) | 該当・非該当 | 正回路 | 有・無 |

[点検地点位置図] ※橋梁一般図 (点検を行った箇所を記すること)、スケッチと位置図等 明記すること。

P6橋脚調査結果

側面図

平面図

断面図

基準点の位置(P6橋脚上の高欄)
(洗掘状況)

A1橋台のスケッチ
カラーイメージソナーの測定線
Σ( )はケーソン頂版からの河床深さ(m)
③目地部の亀裂 (1～3cm)

| 専門技術者名 | 防災 太郎 |
|---|---|

[着目すべき変状]
○P6橋脚周辺の洗掘に伴う路面・ジョイント・高欄の状況
○A1橋台護岸の亀裂

| 点検の時期 | 想定される災害形態 |
|---|---|
| ○2年に1回程度の定期的な点検<br>○豪雨等による洪水時および洪水直後 | ○P6橋脚の傾斜 |
| ○豪雨等による洪水時および洪水直後<br>震度4以上の地震発生直後 | ○A1橋台護岸の流失、取付道路の沈下 |

| 作成月日 | 9年 5月 14日 (天候: －) | 専門技術者名 | 防災 太郎 | 会社名 | ○○○株式会社 | 連絡先 | TEL ○○○－○○○－○○○○ |

| 着目すべき変状 | 点検内容の要点 |
|---|---|
| ①、② | P6橋脚周辺の洗掘について調査<br>(2年に1回および洪水が繰り返し発生した場合または、洗掘に著しい影響を及ぼす洪水が発生した場合) |

道路防災総点検での安定度評価

| 河床・護岸の安定性に関する評点 | 橋台(調査橋台: A1) | (A) | 35点 |
|---|---|---|---|
| | 橋脚(調査橋脚: P6) | (B) | −20点 |
| | 橋台(調査橋台: A1) | (C) | −10点 |
| | 橋脚(調査橋脚: P6) | (D) | 40点 |
| | 橋梁(調査橋梁: P6) | (E) | 75点 |
| 変状に関する評点 | 橋台に対する評点[(G)=MAX{(A)+(B),(D)}] | 40点 |
| | 橋脚に対する評点[(I)=MAX{(A)+(C),(E)}] | 75点 |
| | 橋梁全体の評点[(K)=MAX{(G),(I)}] | 75点 |

| 1 | 対策工が必要 |
|---|---|
| ② | カルテ対応 |

1、2のどちらか対応するものに○印

変状が出たときの対応
○P6橋脚周辺の洗掘の進行が認められた。
→調査を実施して、継続的な監視を行う。
○A1橋台護岸の亀裂の伸展が認められた。
→専門技術者を派遣し、調査を実施する。

[専門技術者のコメント]
○P6橋梁基礎はケーソン基礎であり、根入れも十分にあることから、直ちに対策の必要はないが、定期的に点検を実施すること。
○A1橋台護岸の亀裂は直ちに危険な状態にはないが、早い時期に補修するのがよい。

## 6.3 点検・維持管理

表 6.7 (2) 防災カルテ様式 ⓑ

| 施設管理番号 | N＊＊H:0:1 | | 路線名 | 一般国道○○号 | | 距離標(自) | 2:0:1:2:9:0 | (至) | 2:0:4 | 1:0 | 上・下・他 | 延長 120 m |
|---|---|---|---|---|---|---|---|---|---|---|---|---|
| 点検年月日 | 9年11月1日 | 10年7月10日 | 10年10月12日 | 11年6月3日 | 11年7月3日 | | 年月日 | | 年月日 | | 年月日 | |
| 点検の種類 | 防災総点検 | 緊急点検 | 定期点検 | 緊急点検 | 緊急点検 | | | | | | | |
| 点検方法 | カラーイメージングソナー | 目視 | カラーイメージングソナー | 目視 | カラーイメージングソナー | | | | | | | |
| ①P6橋脚付近の路面・ジョイント・高欄の状況 | 変状なし | 変状なし | 変状なし | 変状なし | 変状なし | | | | | | | |
| 前回との差異 | 変化なし | 変化なし | 変化なし | 変化なし | 変化なし | | | | | | | |
| ①P6上流洗掘(深さ) | 4.5 m | | 4.7 m | | 5.5 m | | | | | | | |
| 前回との差異 | 変化なし | | ＋0.2 m | | ＋0.8 m | | | | | | | |
| ②P6下流洗掘(深さ) | 1.1 m | | 1.5 m | | 2.5 m | | | | | | | |
| 前回との差異 | 変化なし | | ＋0.4 m | | ＋1.0 m | | | | | | | |
| ③A1橋台護岸の目地の亀裂 | 目地部の亀裂 | 目地部の亀裂 | 変状なし | 変状なし | 変状なし | | | | | | | |
| 前回との差異 | 変化なし | 変化なし | 補修済 | 変化なし | 変化なし | | | | | | | |
| ④A2橋台護岸 | 変状なし | 変状なし | 変状なし | 変状なし | 変状なし | | | | | | | |
| 前回との差異 | 変化なし | 変化なし | 変化なし | 変化なし | 変化なし | | | | | | | |
| ⑤A1橋台護岸の段差 | 変状なし | 変状なし | 変状なし | 変状なし | 変状なし | | | | | | | |
| 前回との差異 | 変化なし | 変化なし | 変化なし | 変化なし | 変化なし | | | | | | | |
| 点検時の特記事項(点検時の対応) | 天候：晴 | 天候：晴 ○前日大雨 (降雨量50 mm) | 天候：曇 | 天候：雨 ○台風(降雨量100 mm) | 天候：晴 | | 天候： | | 天候： | | 天候： | |
| 点検者名 | 防災 次郎 | 防災 次郎 | | 防災 次郎 | | | | | | | | |
| 点検後の対応(専門技術者の判定) | ○P6橋脚は、定期的な点検(1回/年)が必要である。○A1橋台護岸の亀裂を補修する。 | | ○A1橋台護岸は補修済み。○P6橋脚の洗掘がやや進行している。○P6橋脚は、引続き1年後に点検を実施する。 | | ○6月3日、7月1日の豪雨のため実施。○P6橋脚の洗掘が進行している。○P6橋脚について対策工の検討を実施する。 | | | | | | | |
| 点検月日 専門技術者名 | 9年11月1日 防災 太郎 | | 10年10月12日 防災 太郎 | | 11年7月3日 防災 太郎 | | | | | | | |

# 6章 道路橋

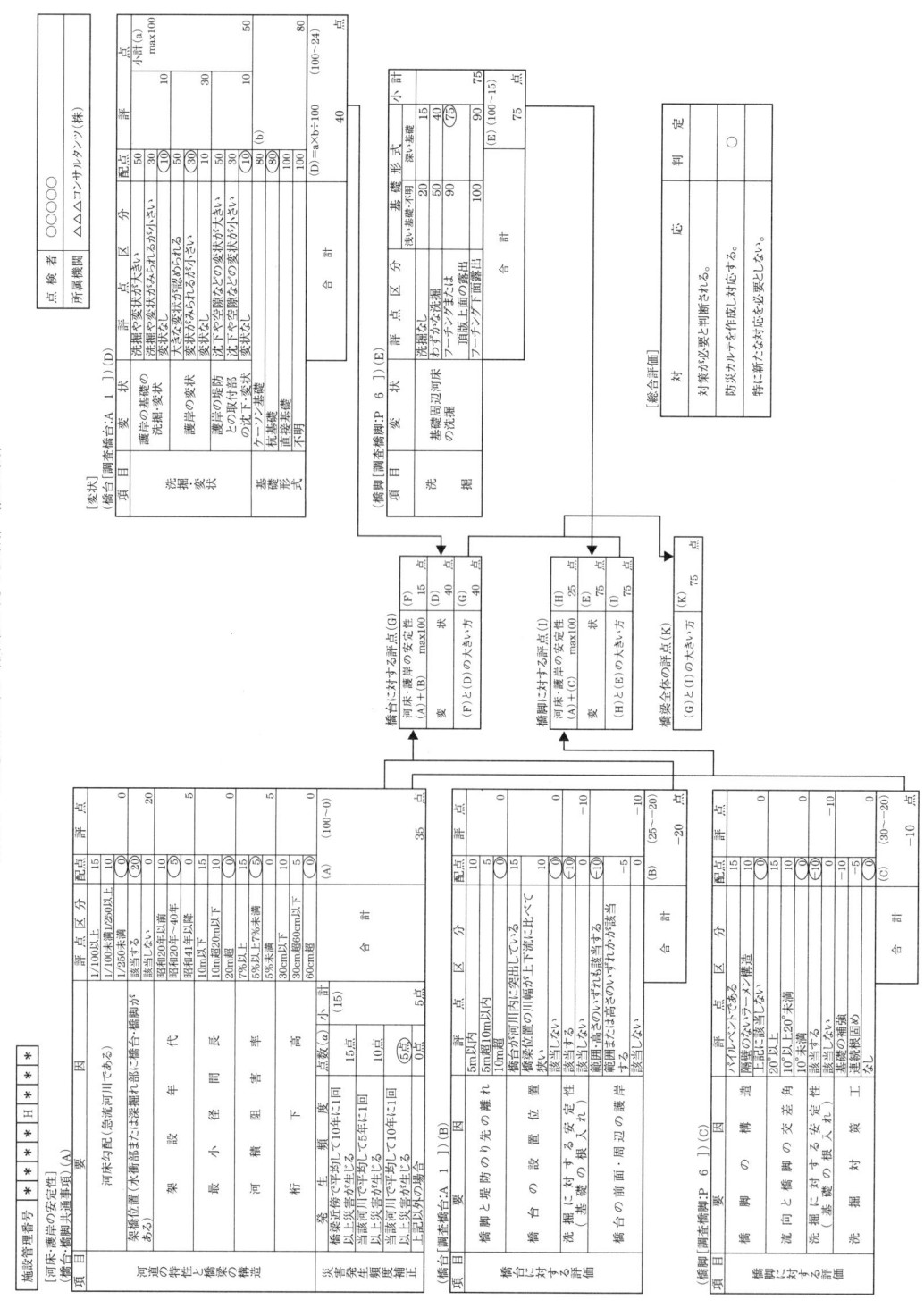

表 6.8 安定度調査表（橋梁基礎の洗掘）（記入例）

では損傷度を正確に判定しているとはいいがたい．例えば，「洗掘が著しい」，あるいは「洗掘がある」というのは，具体的に何cm河床が低下した状態とするかが決まっておらず，客観的，定量的な損傷度判定は困難である．また，「損傷が著しい」，「損傷が大きい」というのも抽象的な表現であり，担当者によって判定が異なる可能性がある．

このような問題を解決するためには，点検の精度を上げるとともに，客観的，定量的な判定が可能な指標，基準を示す必要がある．また，前述のように，洗掘に起因する基礎の損傷は長期間にわたって進行していく．このため，1回の点検結果だけで損傷の有無，損傷度の判定を行うのではなく，長期にわたる点検結果に基づいて損傷の進行状況，補修・補強の要否を判定できるように，点検結果を管理することが望ましい．

このような観点から，現在，表6.7に示すようなカルテ形式で点検結果を記録する方法[6]が用いられているが，今後は，点検結果を電子化し，データベースを構築することが必要と考えられる．

特別点検（耐震，防災点検）は，損傷の発見だけでなく，既設構造物が点検時点の最新の技術基準を満たしているかどうかの判定も行われる．技術基準を満たしているかどうかは，設計照査を行うことによって判定が可能である．しかし，特別点検は，非常に多くの橋梁に対して行われるため，すべての橋梁に対して設計照査を行うことは，多大な時間と費用を要する．このため，設計照査の複雑な計算などを使わず，既往の被害分析などから抽出した地盤条件，構造条件等に関する各種パラメータを用いて，既設橋梁の損傷度を予測して安全度の低い橋梁をスクリーニングし，それらの中から詳細な照査を行う2段階の判定が行われている．

河床洗掘に対する橋梁基礎安定度は，6.2で述べたように，河道の特性および橋梁の構造特性に左右される．そこで，過去の洗掘による被害事例等を用いてそれぞれの特性に関するパラメータの評点（重み）を半経験的，半統計的に付け，これによって洗掘に対する損傷度の判定を行っている．表6.8に橋脚に関する安定度の評点を示す．この表の中で，洗掘を助長するパラメータにはプラス点，抑制するパラメータにはマイナス点がつけられており，それらの合計によって損傷度の判定を行っている．

## 6.4 損傷・劣化の調査・診断

前述のように，一般点検では，主に目視および簡易な点検機械・器具等を用いて損傷度の調査が行われる．洗掘について調査する場合，写真6.10・写真6.11に示すように，ボート上あるいは水上に露出したフーチング上からスタッフ，ポール等を用いて河床の深さを計測する方法が中心で，精度が低く，水中部の詳細な調査が必要な場合は写真6.12に示すように潜水士が行っている．しかし，この方法は作業が大がかりとなり，費用や時間を要するだけでなく，河川流速が速いと危険であることから，現状では十分な頻度で調査が行われているとはいいがたい．このため，最近，新しい方法がいくつか開発されている．

（1）ラジコンボートを用いた洗掘調査手法[9]

本調査手法は，超音波探深機を搭載したラジコンボート（以下，RCボート）を河岸から操作し

写真 6.10　洗掘調査法（1）

写真 6.11　洗掘調査法（2）

写真 6.12　洗掘調査法（3）

## 6.4 損傷・劣化の調査・診断

て橋脚周辺の河床深さを測定する手法である．測定した河床深さのデータは無線で河岸に転送する．また，同時に河岸に設置した光波距離計によりRCボートの位置を計測する．そして，これらのデータをパーソナルコンピュータで処理することにより，河床地形を平面的に把握することができる．図6.9に本調査手法のシステム，写真6.13にRCボート，写真6.14に川岸からのRCボートの位置の計測状況を示す．

写真6.13 RCボート

写真6.14 RCボート位置の計測

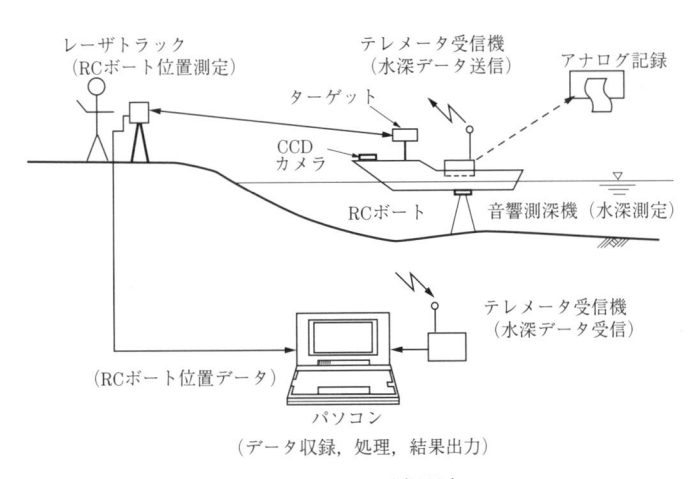

図6.9 RCボートによる洗掘調査のシステム

本調査手法では，平面的に河床地形を調査することができるため，図6.10のような三次元立体図を作成することができ，洗掘状況を容易に判断できる．この測定例では，手前橋脚の左側が最も深く洗掘されていることが一目瞭然である．

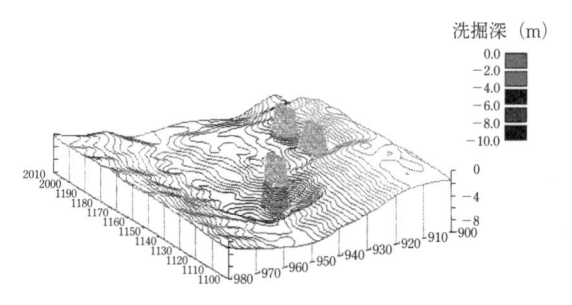

図6.10 RCボートによる計測事例

### （2） カラー・イメージング・ソナーによる洗掘調査手法[9]

本調査手法は，橋梁点検車の作業台上から，先端に回転するソナーヘッドを取り付けたロッドを降ろして，橋脚および橋脚周辺の河床形状を計測し，洗掘の進行状況や水中部の躯体，基礎の状況を調査するものである．調査手法のシステムを図6.11に示す．**写真6.15**にカラー・イメージング・ソナーのソナーヘッドを示す．また，**写真6.16**に測定例を示す．この測定例では，ケーソン右側の河床が局部的に洗掘されている状況がよくわかる．

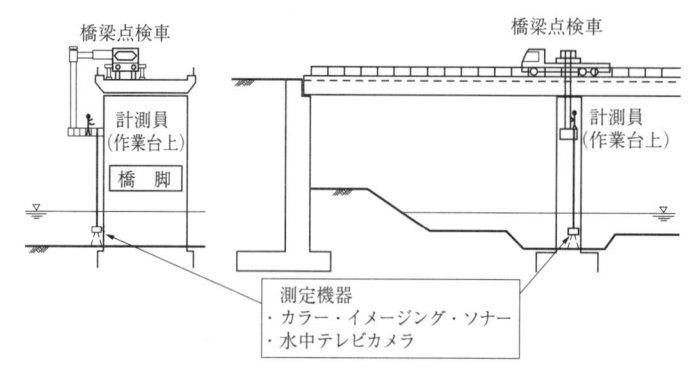

図6.11 カラー・イメージング・ソナーによる洗掘調査のシステム

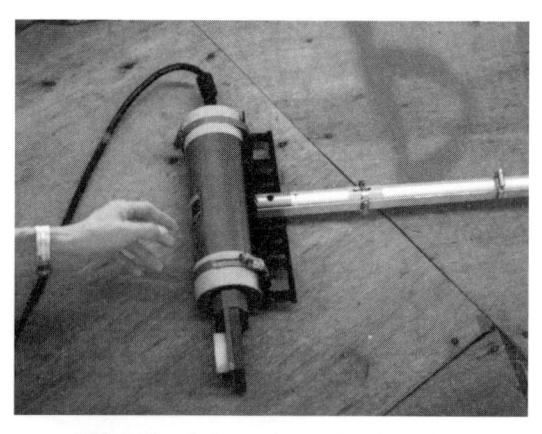

写真6.15 カラー・イメージング・ソナー

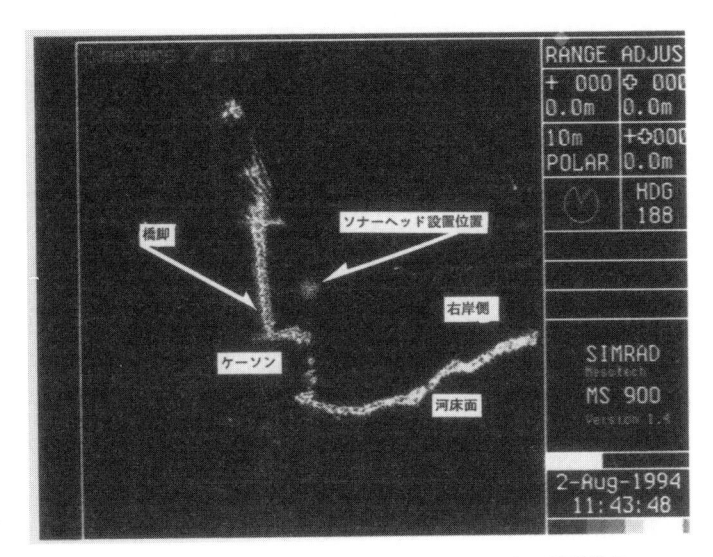

写真6.16 カラー・イメージング・ソナーによる計測結果

### (3) 衝撃振動試験[10]

下部構造の固有振動数は，構造物の重量や剛性および地盤の支持状態などによって決定され，構造物が損傷したり，河床が低下すると通常，低下する．したがって，構造物が健全と仮定した場合の計算値，あるいは健全な状態で事前に計測した実測値と比較することにより，損傷あるいは洗掘の有無を判断することができる．

本試験法は，この原理を利用した基礎の損傷調査法で，高所作業車等から重錘を吊り下げ，橋脚の頂部を打撃し，橋脚に設置した加速度計で加速度を計測する方法である．本調査法による調査方法の概要を図6.12に示す．本調査法では，洗掘の深さは計測できないが，洗掘の影響の有無を容易に判断することが可能である．

### (4) 洗掘監視装置[11]

(1)，(2)の調査手法は，従来の方法に比べ，高い精度で洗掘の状況を調査することができるが，洪水中は流速が速く，流下物等もあることから計測を行うことは困難であり，洗掘の進行状況を逐次把握することはできない．また，洪水が治まった後では一度洗掘された箇所が二次堆積物で埋め戻されてしまうため，(1)，(2)の調査手法では最大の洗掘深を計測することができない．本装置は，ある1地点の洗掘深しか計測できないが，洪水中でも河床の最大洗掘深を連続的に測定することができる装置である．

本装置は，図6.13に示すように河床に建て込んだ計測パイプに磁力を持ったリングを通し河床面まで沈める．洗掘によって河床が洗掘されると，リングもそれに追従して沈下する仕組みである．計測はパイプ内部にマグネットセンサを挿入し，リングの位置を測定することで洗掘深を把握する．洪水時の河床の低下状況の調査結果を図6.14に示すが，水位の上昇に伴い，速いスピードで河床が低下する状況が把握できる．また，洪水後に計測した河床高を黒丸で示すが，短期間に二次堆積

172　　　　　　　　　　　　　　6章　道　路　橋

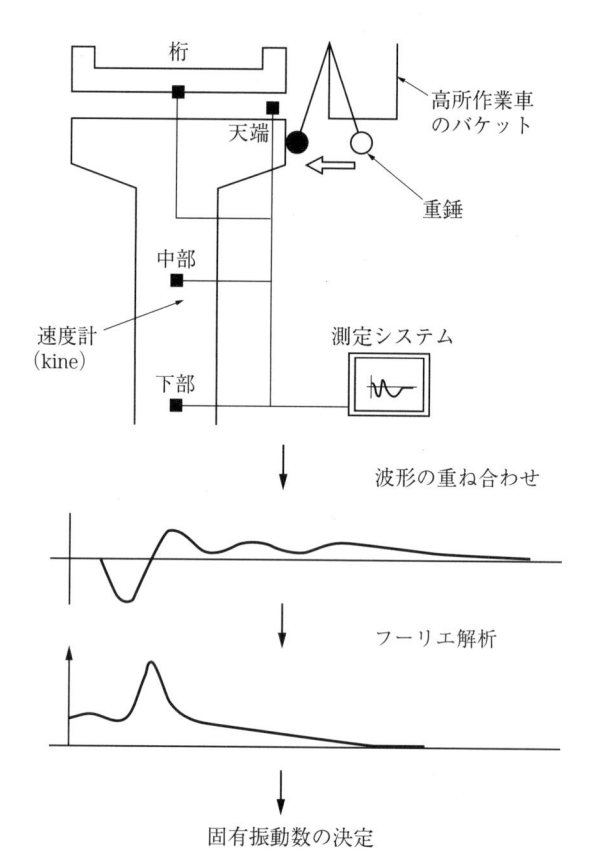

図6.12　衝撃振動試験の手順

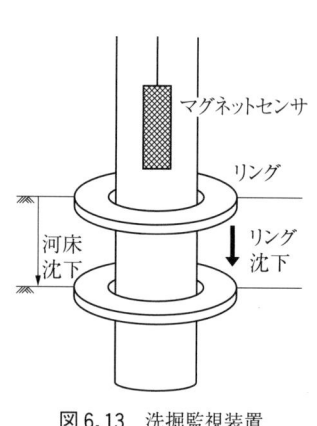

図6.13　洗掘監視装置

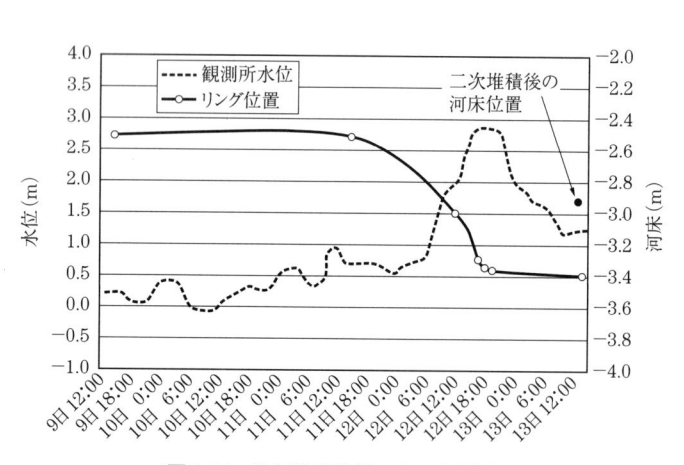

図6.14　洗掘監視装置による計測結果

物がかなり堆積していることがわかる．

## 6.5 補修・補強手法の選定と事例

図6.15は，下部構造を補修・補強した約600の橋梁についてアンケートした結果から，基礎の変状に対してどのような補修・補強を実施したかを示したものである[12]．洗掘対策としての根固め工が多く，次いでフーチング拡大，増し杭，アースアンカー，連壁といった部材の増設による補修・補強を行っている事例が多い．その他としては，杭頭部の補強，パイルベントのコンクリート巻立て，鋼管杭の防食工等があげられる．

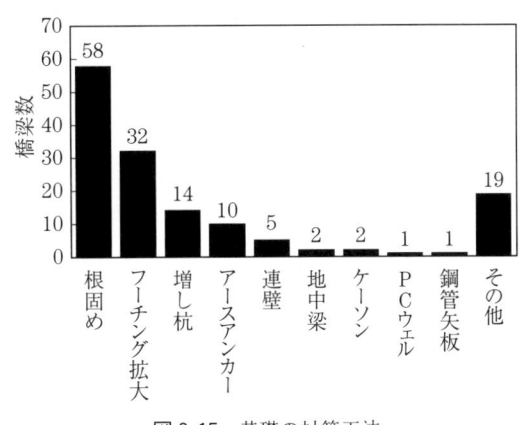

図6.15 基礎の対策工法

河床洗掘に対する基礎の補修・補強としては，洗掘の進行を抑えるために，通常，根固め工法が用いられる．また，河床低下等により基礎の耐力が低下している場合には，増し杭工法が一般に用いられる．

### (1) 根固め工法

根固め工法としては，捨石工法，コンクリートブロック工法，水中コンクリート工法，鋼矢板締切工法等がある．それぞれの実施例を図6.16〜図6.19に示す．

捨石工法，コンクリートブロック工法は，施工が比較的容易で信頼性があり，最も一般的な工法である．本工法では，仮締切りを行い気中施工を行う乾式工法と水上から捨石，ブロックを投入，設置する水中工法がある．施工の確実性は前者の方が高いが，工期，工費の関係から最近は水中工法が用いられることが多い．捨石工法とコンクリートブロック工法とでは，前者は最近，大型の捨石の確保が困難なこと，捨石設置に熟練を要するなどの問題があるのに対し，後者は河床の整地等は必要であるが，ブロック設置は比較的容易であることから，後者が採用されることが多い．

捨石工法やコンクリートブロック工法により橋脚基礎を根固めした場合，これらの根固め工によって橋脚周辺の流れが変わり，根固め工の端部から新たな洗掘が生じたり，捨石やブロックの隙間から河床の土砂が吸い出されて根固め工が沈下したり，場合によっては根固めしたはずの基礎周辺の河床が洗掘されて橋脚が沈下，傾斜することがある．

写真6.17は，根固めコンクリートブロックの下から土砂が吸い出され，沈下した事例である．

174　　　　　　　　　　　　　　6 章　道　路　橋

　　　　　　　　　　　　　　　　中央断面
　　　　　　　左岸側　　　　　　　　　右岸側
　　　　　　　　　　　　　　　　　　　上層（割石 φ60～100 cm）
　　　　　　　　　　　　　　　　　　　下層（割栗石 φ20～40 cm）
　　　　　　　　　　　▽3 250
計画床 EL.＝1 230　　▽EL.＝1 500
　　　　　　　　　現河床

　　　　　　15 000　　　10 000　　　15 000

(a) 橋脚縦断面図

上層（割石 φ60～100 cm）
下層（割栗石 φ20～40 cm）
　　　　　　4 200

　　　1 040　　3 160

　　28 000　27 000　15 000

10 000　　　10 000　15 000
　　　　　　15 000

(b) 根固め土すり付け詳細図

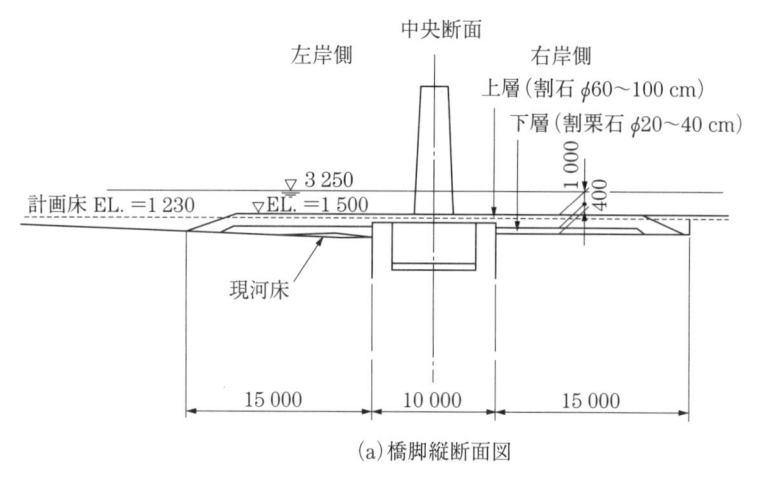

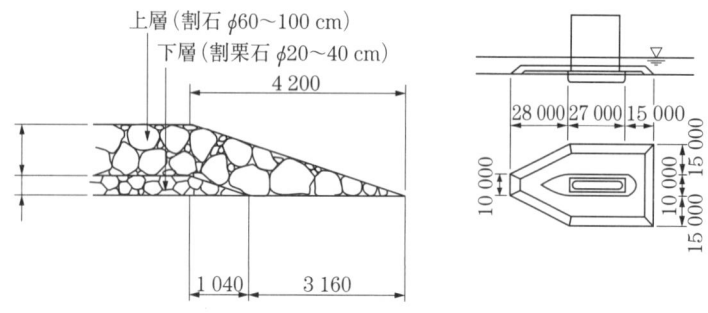

図 6.16　捨石工法による対策

写真 6.17　根固めコンクリートブロックの沈下

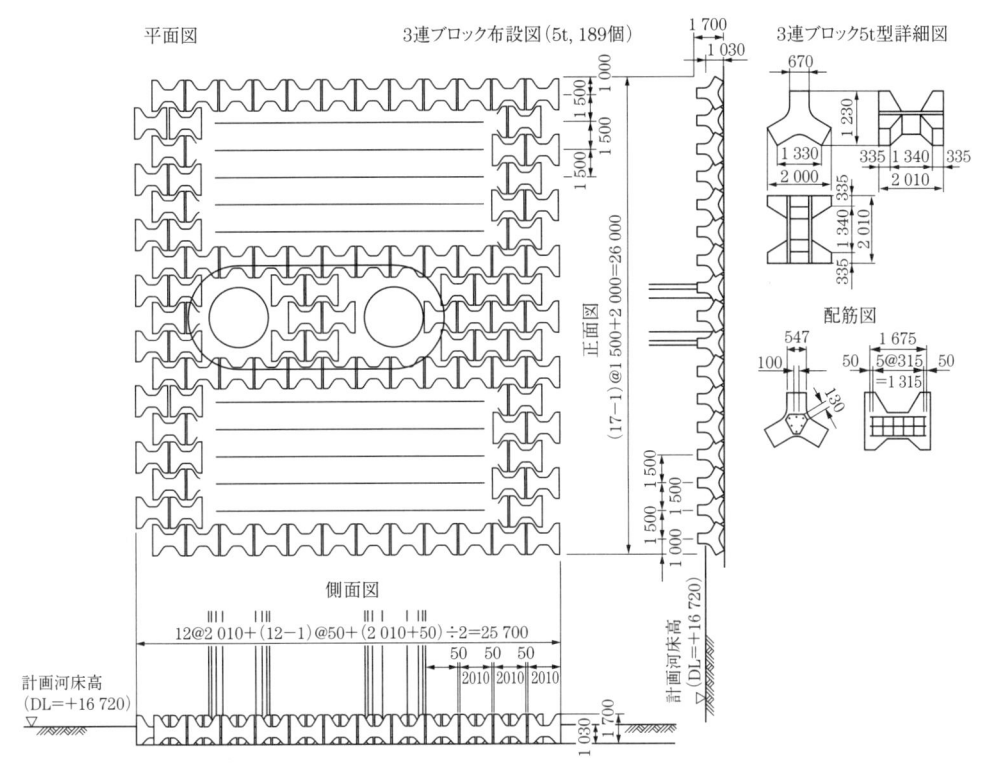

6.5 補修・補強手法の選定と事例　　175

**図 6.17** コンクリートブロック工法による対策

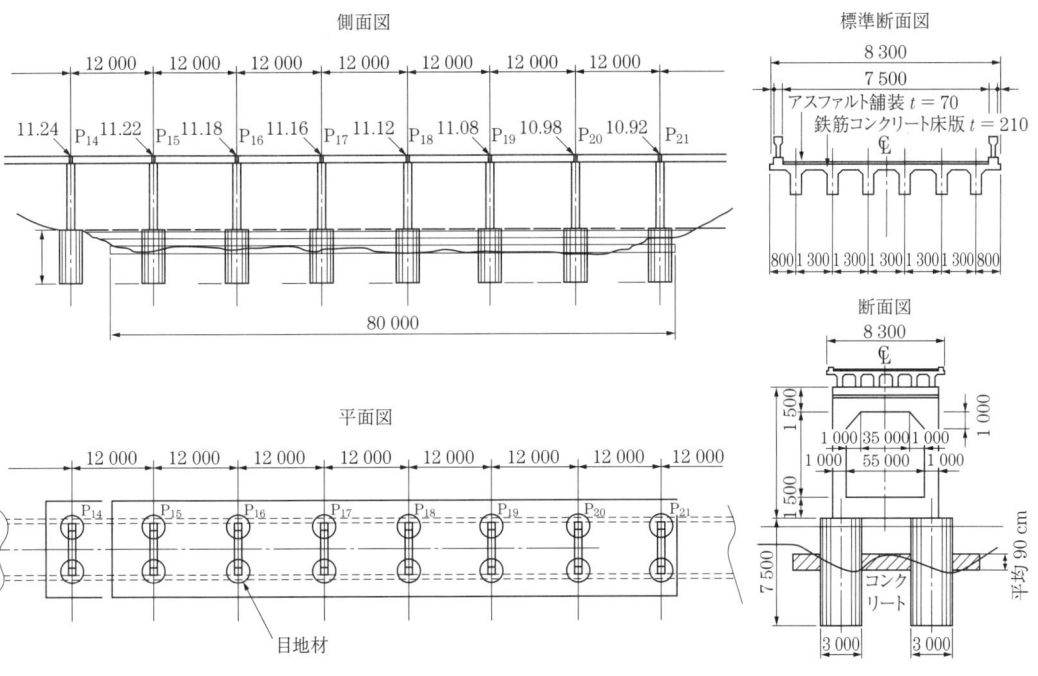

**図 6.18** 水中コンクリート打設による対策

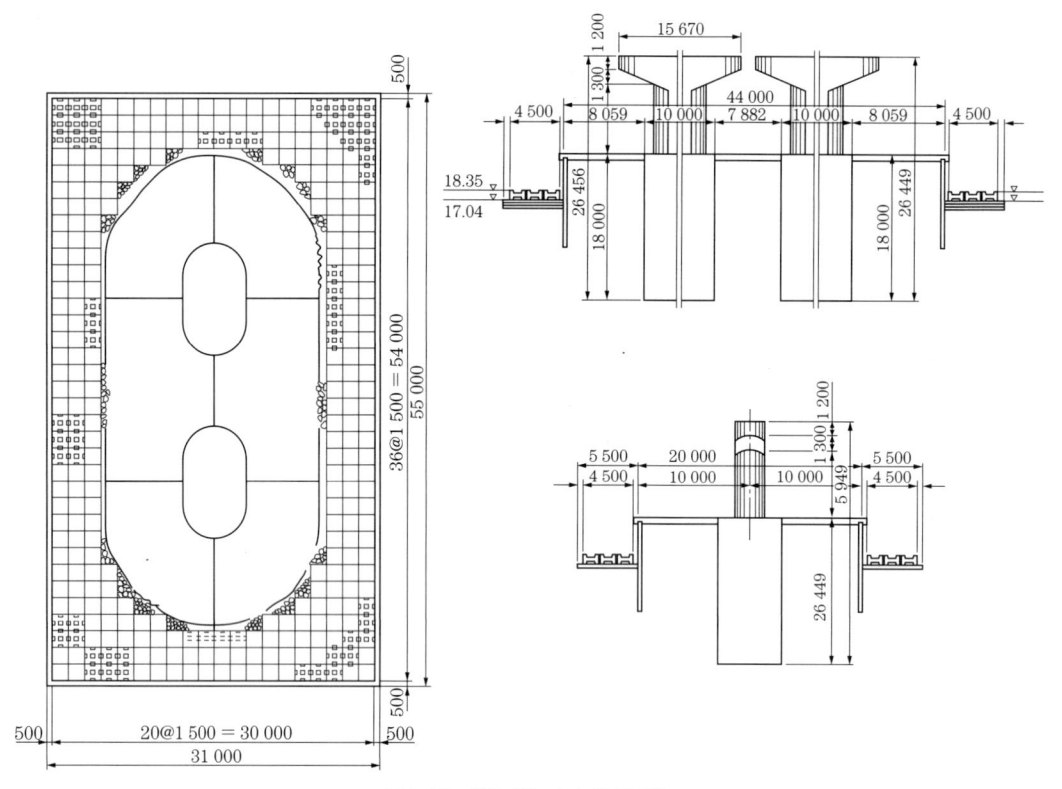

図 6.19 鋼矢板による締切工法

このような事態を防ぐため，河川条件等に応じたコンクリートブロックの大きさ，敷設範囲，厚さなどの決定方法について検討が行われている[13]が，コンクリートブロックの標準的な敷設工法が定まっておらず，個別に対応しているのが実状である．

水中コンクリート工法は，根固め範囲に簡易な型枠，締切りを設置し，水中コンクリートを打設して河床を根固めする工法である．河床に多少の不陸があっても施工できることが特徴であるが，コンクリート打設時の河川水の汚濁，完成後の河床の不同沈下等によるひび割れ発生等の可能性を考慮する必要がある．

鋼矢板締切工法は，基礎の根入れを回復させる必要がある場合に用いられる工法で，根固め範囲に鋼矢板を打設し，内部に土砂を投入，締固めた後，表層に水中コンクリートを打設する工法である．コンクリート打設時に水中コンクリート工法と同様の問題が生じる．

(2) 増し杭工法

増し杭工法は，図 6.20 に示すように，既設基礎の周囲に杭を増設し，既設のフーチングを拡大することによって新旧基礎を連結する工法であり，洗掘対策以外に耐震対策を含め，実績の多い工法である．

増し杭工法を行う場合，桁下の狭隘な条件で杭を打設する必要があるため，施工が困難な場合がある．このような条件下での施工を可能とするため，最近，マイクロパイルによる増し杭工法が開

## 6.5 補修・補強手法の選定と事例

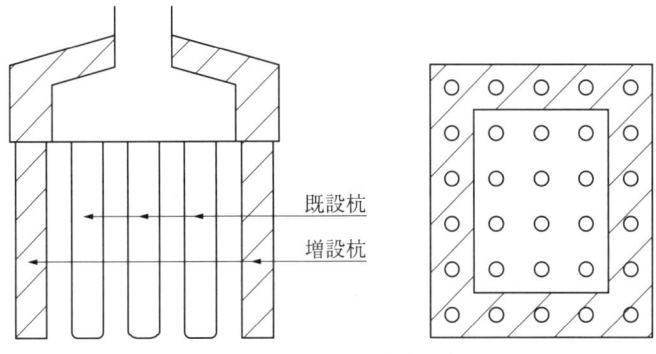

**図 6.20** 増し杭工法（4面）

発された．マイクロパイルには多くの種類があるが，増し杭工法に用いられる代表的なマイクロパイルは，ボーリングマシンによって地中に小径の削孔を行いながら，ケーシングを兼ねる短尺の鋼管をねじ継手で順次継ぎ足して支持層に到達させた後，鋼管内に異形鉄筋を挿入し，さらに先端の支持層にグラウトを加圧注入することにより定着部を形成させる杭である[14]．

図 6.21 にマイクロパイルの一般図を示す．また，マイクロパイルによる増し杭工法の一般図を図 6.22 に示す．

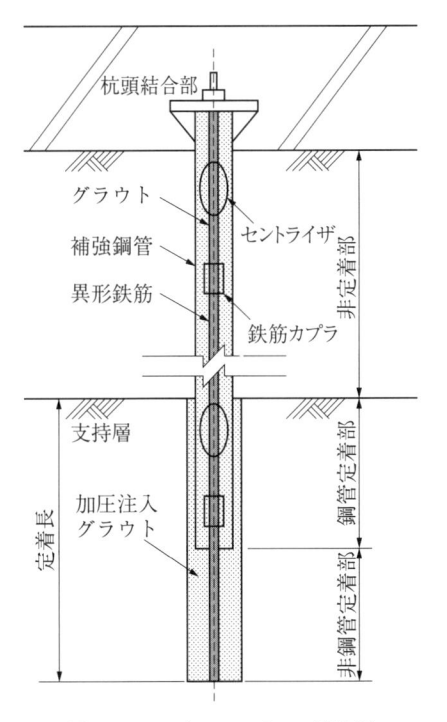

**図 6.21** マイクロパイルの構造例

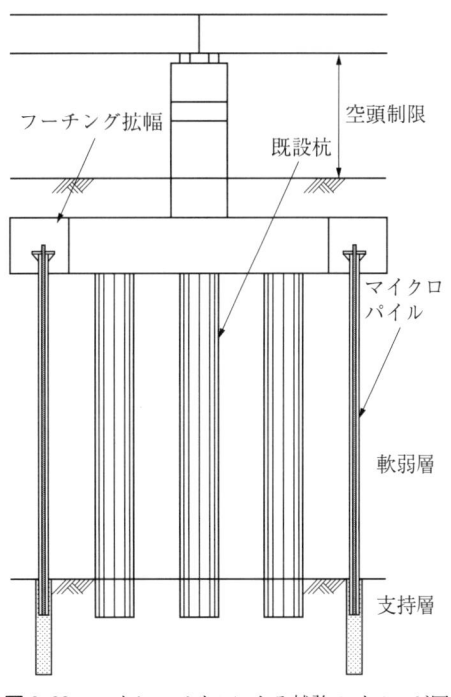

**図 6.22** マイクロパイルによる補強のイメージ図

## 参 考 文 献

1) 改定 解説・河川管理施設等構造令：（社）日本河川協会，2000.1
2) 道路橋示方書・同解説Ⅳ下部構造編：（社）日本道路協会，2002.1
3) 災害統計：国土交通省河川局 防災・海岸課
4) 塩井幸武，岡原美知夫，高木章次ほか：九州中北部梅雨前線豪雨による橋梁の被害調査，土木研究所資料第2694号，1991.3
5) 常田賢一，西谷雅弘，福井次郎，木村嘉富ほか：平成10年8月末豪雨による福島県・栃木県豪雨災害現場調査報告書，土木研究所資料第3793号，2001.3
6) 防災カルテ作成・運用要領：（財）道路保全技術センター，1996.12
7) 佐伯彰一，藤原稔，岩崎泰彦，引野純，柴崎亮介：橋梁点検要領（案），土木研究所資料第2651号，1988.7
8) 平成8年度道路防災総点検要領（豪雨・豪雪等）：（財）道路保全技術センター，1996.8
9) 中野正則，木村嘉富，石田雅博ほか：橋梁下部構造の計測・診断技術の開発に関する共同研究報告書，―橋梁基礎の洗掘調査マニュアル（案）―，土木研究所共同研究報告書第157号，1997.1
10) 大下武志，福井次郎，古池正宏，小林茂敏ほか：橋梁基礎の形状および損傷調査マニュアル（案），土木研究所共同研究報告書第236号，1999.12
11) 福井次郎，大越盛幸，梅原剛，加藤秀章：橋梁基礎の洗掘監視装置の開発，土木学会第55回年次学術講演会，Ⅵ-121，2000.9
12) 高木章次：道路における橋梁下部構造の点検と補修・補強法の現状について―アンケート調査結果から―，基礎工，vol. 18-9，1990.9
13) 宇多高明，高橋晃，伊藤克雄：治水上から見た橋脚問題に関する検討，土木研究所資料第3225号，1993.11
14) 大下武志，福井次郎ほか：既設基礎の耐震補強技術の開発に関する共同研究報告書（その3），土木研究所共同研究報告書第282号，2002.9

# おわりに

　社会が成熟期を迎えて，社会資本の整備が進んでくると，蓄積された社会資本ストックの管理が問題となることはこれまで多くの先進国で経験されてきたことである．日本は他の先進国に比べて社会資本の整備が遅れていたとはいえ，同じような状況が起きてくるのは時間の問題であった．しかし，行政官や技術者にとって，社会資本を作り上げることに情熱を注ぎすぎたため，作った施設をどう管理していくかについてはあまり考えてこなかったのではなかろうか．特に高度経済成長期にあっては，こうした傾向が強かったように思われる．

　河川管理施設等は自然公物的要素が強く（堤防はもちろん自然公物であるが），人工公物である道路などに比べると，計画的に維持管理を行うことは容易ではない．しかし，今後の財政状況や社会状況（少子高齢化など）等を考えると，施設の建設と同程度，あるいはそれ以上に維持管理に重点を置いた施設の設計の仕方，管理手法が要求されてくるし，将来的には改修計画と整合のとれた維持管理計画についても検討を行う必要がある．

　まだ手探りの課題が多数あるものの，本書では損傷・劣化の調査・診断のやり方，損傷・劣化に対する補修・補強手法について，なるべく多くの既存事例等を踏まえて記述してきた．本書の内容はまだまだ不十分ではあるが，現場で実務を担当している技術者や維持管理に関係している方々にぜひ活用していただきたいと考えている．

# 索 引
(五十音順)

## あ 行

圧痕事例 …………………………… 59
圧力パルス ………………………… 101

維持・更新投資額 ………………… 6
維持管理計画 ……………………… 7
維持管理のフロー図 ……………… 10
異種金属接触腐食 ………………… 62

迂回流 ……………………………… 27
運転時点検 ………………………… 134

帯工 ………………………………… 24

## か 行

外観調査 …………………………… 94
開削調査 …………………………… 105
回転不良 …………………………… 59
開閉装置 …………………………… 51
開閉装置（ワイヤロープウィンチ式）…… 55
開閉方式 …………………………… 56
河床洗掘 …………………………… 30
河床低下 …………………………… 27, 30
河床変動 …………………………… 32
河積阻害率 ………………………… 161
河川管理の分類 …………………… 5
河道・洪水特性 …………………… 19
可とう性継手 ……………………… 108
可動堰 ……………………………… 25
カラー・イメージング・ソナー …… 18, 170
函渠 ………………………………… 82
監視操作制御設備 ………………… 120, 128
函内観察 …………………………… 99
管理運転 …………………………… 65, 133
管理橋 ……………………………… 82

機側操作盤 ………………………… 69
貴な ………………………………… 79
機能的耐用年数 …………………… 6
逆フィルタ ………………………… 45
急流河川 …………………………… 161
橋脚 ………………………………… 155, 156, 157
橋脚の補強工法 …………………… 19
橋台 ………………………………… 153, 156, 158, 159

橋長 ………………………………… 154
胸壁 ………………………………… 82
橋梁点検 …………………………… 162
局所洗掘 …………………………… 24, 30, 44
局部腐食 …………………………… 78

空洞化 ……………………………… 24, 27, 29
空洞化探査手法 …………………… 35
偶発故障期 ………………………… 67
グラウト孔 ………………………… 104
クリープ比 ………………………… 43

径間 ………………………………… 154
傾向管理 …………………………… 135
軽故障 ……………………………… 75, 148
系統機器設備 ……………………… 120
ゲート ……………………………… 82
ゲート設備 ………………………… 51
ゲート操作台 ……………………… 82
減速機 ……………………………… 136

孔食 ………………………………… 61, 123
洪水流水面形計算方法 …………… 42
構造物等諸元調査 ………………… 91
高耐久性材料 ……………………… 11
鋼矢板締切工法 …………………… 173
故障記録表 ………………………… 140
故障区分 …………………………… 75
護床工 ……………………………… 82
護床工沈下 ………………………… 41
護床工の流失 ……………………… 18
護床工ブロックの沈下 …………… 40
護床石礫間詰め …………………… 47
故障対応 …………………………… 74, 146
固定堰 ……………………………… 25
コンクリートブロック工法 ……… 173

## さ 行

砂州 ………………………………… 161
作動油 ……………………………… 74
三方水密方式 ……………………… 53

CBグラウト注入 …………………… 108
シェル構造のローラゲート ……… 52
自家発電設備 ……………………… 121

| | | | |
|---|---|---|---|
| 軸受の摩耗 | 124 | 側方侵食量 | 20 |
| 軸流ポンプ | 118 | 損傷・劣化形態別点検項目 | 32 |
| 止水板方式 | 109 | 損傷・劣化形態別の診断方法 | 43 |
| 施設の耐用年数 | 6 | 損傷事例 | 59 |
| 自然電位 | 80 | 損傷度 | 163 |
| 社会的減耗 | 6 | | |
| 社会的耐用年数 | 6 | | |

## た 行

| | | | |
|---|---|---|---|
| 遮水工 | 82 | 打診音 | 35 |
| 遮水壁 | 82 | 打診音調査 | 34 |
| 斜流ポンプ | 118 | 立軸ポンプ | 117 |
| 柔構造樋門 | 94 | | |
| 重故障 | 75, 148 | 地下レーダ | 38 |
| 主原動機 | 119 | 治水地形 | 9 |
| 出水期前点検 | 12 | 超音波探深機 | 167 |
| 出水時点検 | 12 | 調査・診断 | 72 |
| 主ポンプ駆動設備 | 119 | 跳水 | 27, 29 |
| 衝撃振動試験 | 171 | 直接基礎 | 154, 156, 161 |
| 床版 | 82 | | |
| 初期故障発生時期 | 67 | 継手 | 82 |
| 除塵設備 | 122, 129 | 月点検 | 64, 133 |
| シル | 45 | | |
| 伸縮性樹脂注入 | 108 | ディーゼル機関 | 119, 125 |
| 浸透圧勾配 | 24 | 定期整備 | 64, 132, 135 |
| 浸透圧力勾配 | 27, 29 | 定期点検 | 11, 64 |
| 浸透流速 | 27 | 低炭素含有ステンレス鋼 | 80 |
| | | 点検 | 63, 132 |
| 水衝部 | 161 | 点検・整備 | 63, 130 |
| 吸出し | 30 | 点検・整備結果記録表 | 72 |
| 吸出し防止材 | 45 | 点検・整備長期計画 | 67 |
| 水中コンクリート工法 | 173 | 点検項目 | 67 |
| 水理条件 | 32 | 電源設備 | 120 |
| 隙間腐食 | 61 | 点検内容 | 65 |
| スキンプレート | 52 | 点検の種類 | 11 |
| 捨石工法 | 173 | 点検方法 | 69 |
| スピンドル・ラック式開閉装置 | 68 | 電磁波 | 38 |
| | | 電磁波（地下レーダ）探査 | 38 |
| 静水圧分布 | 26 | 電動ラック式開閉装置 | 54 |
| 整備 | 64, 134 | | |
| 堰柱 | 82 | 戸当り | 51 |
| 設計・施工に起因する劣化 | 15 | 頭首工 | 25 |
| 設計上の地盤面 | 152 | 動力伝達装置 | 119 |
| 設備の改良・更新記録表 | 140 | 床固め | 24 |
| 設備履歴簿 | 135 | 床止め | 23 |
| 洗掘 | 155, 157, 158 | 土砂の吸出し | 30 |
| 洗掘監視装置 | 171 | 塗料・塗装 | 11 |
| 洗掘孔 | 27 | トレンド管理 | 135 |
| 全磁束法 | 73 | | |
| 扇状地 | 161 | | |

## な 行

| | | | |
|---|---|---|---|
| 総合診断 | 141 | 日常点検 | 11 |
| 総合点検 | 66 | | |
| 操作・制御設備 | 52 | 抜け上がり | 83 |
| | | 根固め工法 | 173 |

年点検 …………………………………… 64, 133

## は 行

排水機場 …………………………………… 113
排水機場没水時の対策 …………………… 141
パイピング ……………………… 24, 27, 30
パイルベント橋脚 ………………………… 161
バッフルピア ………………………… 44, 45
羽根車 ……………………………………… 144

扉体 …………………………………………… 51
扉体・戸当り ……………………………… 67
卑な ………………………………………… 79
樋門まわりに発生する空洞 ……………… 16

ファイバースコープ ……………………… 105
深掘れ ……………………………………… 20
深掘れ部 …………………………………… 161
副堰堤 ………………………………… 44, 45
腐食 …………………………………… 123, 144
腐食原理 …………………………………… 61
腐食事例 …………………………………… 57
腐食速度 …………………………………… 80
腐食対策 ……………………………… 75, 78
腐食割れ …………………………………… 125
付属施設 …………………………………… 52
物理探査法 ………………………………… 17
物理的耐用年数 …………………………… 6
不動態皮膜 ………………………………… 80

変状調査 …………………………………… 99

補修 ………………………………………… 144
保全 ………………………………………… 130
保全整備 ……………………… 64, 132, 135
ポンプ設備 ………………………………… 116

## ま 行

マイクロパイル …………………………… 176
間詰め ……………………………………… 45
マニュアル ………………………………… 15

澪筋 ………………………………………… 161

水叩き ……………………………………… 82
もらい錆 …………………………………… 80
門柱 ………………………………………… 82

## や 行

矢板の打ち増し …………………………… 109
油圧式開閉装置 …………………………… 68
揚圧力 ……………………………………… 24
揚水機場 …………………………………… 113
揚排水兼用機場 …………………………… 114
翼壁 ………………………………………… 82
横軸ポンプ ………………………………… 118

## ら 行

落差工 ……………………………………… 24
ラジコン・ボート ………………………… 18
落橋 ………………………………………… 155
ラック式開閉装置 ………………………… 53

粒界腐食 …………………………………… 62
流砂運動 …………………………………… 27
流砂量 ………………………………… 26, 27
流失 ……………………………… 152, 159, 160
臨界電位 $V_c$ ……………………………… 78
臨時点検 ……………………………… 65, 134

劣化診断 …………………………………… 98
連続壁方式 ………………………………… 109
連通試験 ……………………………… 16, 101

老朽化 ……………………………………… 141
漏水経路 …………………………………… 85
ローラ ……………………………………… 52
ローラゲート ……………………………… 56

## わ 行

ワイヤロープ ……………………………… 73
ワイヤロープ式開閉装置 ………………… 67
湾曲部 ……………………………………… 161

● 編集委員長略歴

## 末次 忠司
(すえつぎ ただし)

| | |
|---|---|
| 1982 年 | 九州大学大学院工学研究科水工土木学専攻修了 |
| 1990 年 | 建設省土木研究所企画部企画課課長 |
| 1996 年 | 〃　　河川部都市河川研究室室長 |
| 2000 年 | 〃　　〃　河川研究室室長 |
| 2001 年 | 国土交通省土木研究所河川部河川研究室室長 |
| 2001 年 | 国土交通省国土技術政策総合研究所河川研究部河川研究室室長 |
| 2006 年 | (財) ダム水源地環境整備センター研究第 1 部長 |
| 現　在 | (独) 土木研究所水環境研究グループ長 |

＊1993.1〜1994.1　米国内務省地質調査所水資源部表面水研究室

博士（工学），技術士（建設部門）

著　書：都市の環境デザインシリーズ　都市に水辺をつくる，技術書院，1999 年（共著）
　　　　水理公式集 [平成 11 年版]，土木学会，丸善，1999 年（共著）
　　　　河道計画検討の手引き，山海堂，2002 年（共著）
　　　　防災事典，日本自然災害学会　監修，築地書館，2002 年（共著）
　　　　水のこころ誰に語らん　多摩川の河川生態，紀伊国屋書店，2003 年（共著）
　　　　河川の減災マニュアル，山海堂，2004 年
　　　　図解雑学　河川の科学，ナツメ社，2005 年
　　　　これからの都市水害対応ハンドブック，山海堂，2007 年

### 河川構造物維持管理の実際

2009 年 6 月 30 日　　初版第 1 刷発行

　　　　　　　　　　編著者　末　次　忠　司
　　　　　　　　　　発行者　鹿　島　光　一

発行所　株式会社　鹿島出版会
東京都港区赤坂 6 丁目 2 番 8 号（〒107-0052）
振　替　00160-2-180883
http://www.kajima-publishing.co.jp
E-mail：info@kajima-publishing.co.jp
電　話　(03) 5574-8600

無断転載を禁じます．乱丁本・落丁本はお取り替えいたします．　Ⓒ 2009
印刷：美研プリンティング　　製本：牧製本
ISBN 978-4-306-02411-3 C3052